U0298412

你好烘焙

HELLO BAKING

范凡（饭饭）著

青岛出版社
QINGDAO PUBLISHING HOUSE

图书在版编目（CIP）数据

你好，烘焙 / 饭饭（范凡）著. — 青岛：青岛出版社，2018.2
ISBN 978-7-5552-6534-4

Ⅰ. ①你… Ⅱ. ①饭… Ⅲ. ①烘焙 – 糕点加工 Ⅳ. ①TS213.2

中国版本图书馆CIP数据核字（2018）第028741号

书　　名　你好，烘焙
著　　者　饭　饭（范　凡）
出版发行　青岛出版社
社　　址　青岛市海尔路182号（266061）
本社网址　http://www.qdpub.com
邮购电话　13335059110　0532-68068026
策划编辑　周鸿媛
责任编辑　周鸿媛　肖　雷
特约校对　张文静
封面设计　波斯蔡
装帧设计　丁文娟　叶德永
插　　画　青岛创意动感工作室
印　　刷　青岛海蓝印刷有限责任公司
出版日期　2018年4月第1版　2018年4月第1次印刷
开　　本　16开（787毫米 × 1092毫米）
印　　张　20
图　　数　2000
印　　数　1-10000
书　　号　ISBN 978-7-5552-6534-4
定　　价　88.00元

编校印装质量、盗版监督服务电话：4006532017　0532-68068638

“饭饭烘焙”
微信公众号

“饭饭”
新浪微博

前言

我总说，只有美食，才是让这个世界充满爱与和平的最佳途径。

说起我和烘焙的缘分，还要感谢在德国留学时候的房东劳拉太太。作为地道的意大利博洛尼亚人，她可以说是名副其实的烘焙爱好者，所以她总喜欢下班回家后邀请我一起享用她做的点心。但因为语言上的障碍，刚开始我对这个建立亲密关系的时间，有些尴尬的抗拒。远在中国的奶奶在电话里对我说：“你不是也会做菜吗？你也可以通过美食表达你的心意。”果不其然，劳拉太太十分喜爱我做的小吃，而我也像发现“新大陆”一样十分兴奋——原来美食也是一种语言。

转眼间，接触烘焙算下来已经多年了。我对烘焙的喜爱有增无减，并且有越来越多的创意点子。从才出炉的黄油香气四溢的饼干，打发过程乐趣不断的裸蛋糕，到最考验耐心和技术的面包，到冷冻可口的慕斯，各式各样的甜点……循季节赏赐的食材，南瓜、红薯、无花果，都是我的创作素材，或保留淳朴滋味，或大开脑洞，最终都绽放于唇齿之间。

我喜欢把这些对烘焙的热爱和每一次新奇的尝试在微博中和大家分享，也由此认识了很多妈妈级烘焙爱好者，和颜值控女生的可爱“粉丝”。有人和我说做烘焙是因为吃不到自己想要的味道，也有人说想通过天然食材让生活更健康，而我听到最多的声音，是想要分享给朋友和家人一份手作的心意。喜欢烘焙的人，一定不是因为外面卖的面包和糕点贵才自己做，自己做反而成本更高，因为想用更好的食材和更高超的烘焙技术表达更深的情感。看着“饭宝宝”们通过我分享的食谱，与家人、爱人和朋友一同探讨、尝试、改良甚至再创新，最终做出甜蜜的成品，这一切都给我的生活带来满满的幸福感。

常常有朋友会问我：“烘焙难吗？我想学的话从哪开始学起比较好呢？”我说，“你可以从饼干开始，最简单也最适合入门，之后是蛋糕，最难的是面包。”

在这本书中，从饼干到蛋糕，从面包到慕斯，从挞到派，从西式到中式，从经典到新潮，我精选了100多道甜品和大家分享。无论是香脆的饼干，还是清新的水果裸蛋糕，还是顺滑可口的慕斯，这些食谱都有一个共同的特点，那就是非常适合在自己家里的厨房制作。不需要高大上的厨具，只需要你有一颗热爱生活和分享美食的心，让做烘焙的人和吃到的人，都留下幸福美好的记忆。如果还有什么是一块饼干解决不了的，那就再来一块蛋糕！

饭饭　2018年2月于北京

饭饭和他的烘焙大师朋友

MOF 大师　Christian VABRET（克里斯提恩·瓦勃烈）

代表作品　神父的拐杖

他是获得“MOF（法国面包最佳工匠奖）”的法国著名优秀面包糕点大师、世界杯面包大赛创办人、味多美全球研发总监。

借 Christian VABRET 来中国参加 2017 年 # 法国面包时装秀 # 的新品发布的机会，我问他要不要做一个 MOF 大师在线烘焙教学的直播跟中国“粉丝”分享。他很爽快地答应了，说他很喜欢热情温暖的中国朋友。在直播中他做了一款他研发和改良的法国名点：神父的拐杖。在巴黎马莱区中心，这是一款非常畅销的产品，因形状像神父的拐杖而得名。面皮被扭转形成拐杖形状，表面撒上扁桃仁片，吃起来香酥脆口，搭配咖啡更佳。这款神父的拐杖也是今年法国面包时装秀推出的 8 款新品之一，为了口味能更符合中国人的习惯，Christian 和味多美的面包大师黄利联手合作研发，在保证原汁原味的法国风味基础上，也做了一些减糖减油的小改变。更近距离地感受大师风采，学到这款神父的拐杖的作法。

食物是人类最通用的语言

Christian 大师说，神父的拐杖是丹麦面包类甜品，浓香酥脆的口感很适合搭配一杯黑咖啡，当早餐或者是下午茶点都是很不错的选择。他还说巴黎人还喜欢把这类面包塞进咖啡里蘸着吃。我笑说这有点像我们中国的传统早餐搭配，豆浆油条。吃一根油条喝一口豆浆，又或者直接把油条泡进豆浆里吃也很是过瘾。大师笑着说：“我想没有什么比食物更容易拉近人与人之间的距离了。”我很赞同，你我皆是饮食男女，即使语言不同，习惯各异，但是相同的是我们对于食物和生活是如此地热爱，我想食物应该是人类最通用的语言吧。

★编者注：“神父的拐杖”详细做法请见 177 页

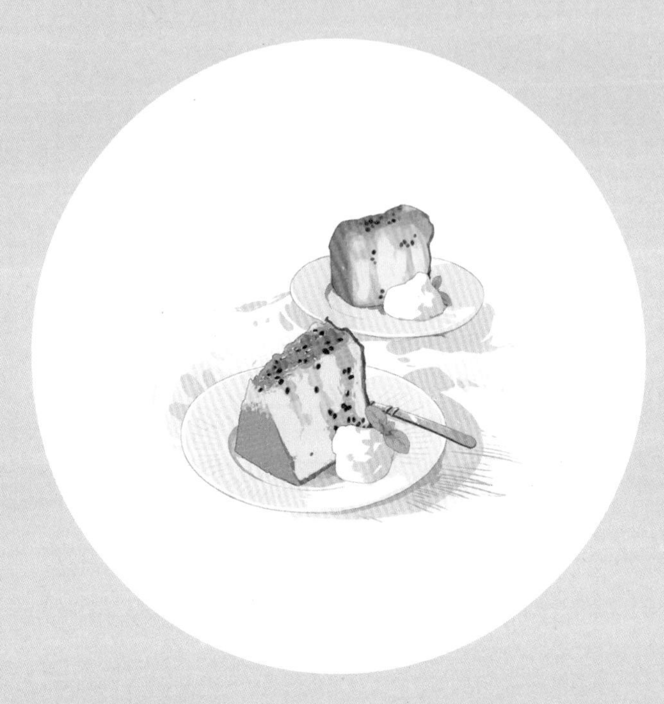

目录

PART1

烘焙小知识

PART2

饼干类

1 基础饼干

清晰地记得我第一次接触烘焙时做的那款蔓越莓饼干，难忘的不仅是它的味道，更是给予我在烘焙道路上愈走愈远的勇气。你要问我饼干有啥优点，那就是"简单，好吃"！我把基础饼干分为两类：一类是用植物油，在家随时可以制作的低脂饼干；一类是需要用到黄油，香气四溢、酥脆美味的饼干。无论冬日、春日，家里，在外野餐，饼干都是随时能拿出手的小点心。

2 进阶饼干

在理解了植物油饼干和黄油饼干的基本特征之后，我们就可以开始做较复杂的饼干了。无论是加入花朵还是坚果，无论是怎样的形状，只要多加练习，就能做出这些高颜值的饼干。

PART3

蛋糕类

1 戚风蛋糕

大家都喜欢的基础蛋糕非戚风莫属，细腻柔软，变化多端，有小白说别看戚风简单，却要磕十几次才能磕出来。别担心，跟着我的步骤，即使你是零基础，也能妥妥地掌握要点，成功做出戚风。

2 经典蛋糕

小时候看电影，国外的影片里总有爸爸妈妈给小朋友做生日蛋糕的景象。长大之后，越来越多的美食剧，重现着厨房里做蛋糕的美好情节。在西方，蛋糕并不只有戚风。每个国家都有极具特色的家庭蛋糕，让我们一起来细数一下吧。

PARTY 4

面包类

1 吐司面包

说到面包，我的启蒙就是白吐司。吐司很基础，是因为它原料少，操作步骤简单。简单的白面包通过添加牛奶，调节黄油用量，或者丰富面粉种类来变得多样。

2 法式小面包

在上一章中我们熟悉了做面包的一些基本功课，无论是手工和面，还是老大难的发酵问题，借着方便快捷的小餐包的制作，我们再来复习一下这些要点吧。

3 健康面包

制作健康面包的原料和辅料都是五谷杂粮、酸奶等天然食材。制作简单的健康面包渐渐成为生活中不可或缺的一部分。

4 干果面包

在面包中添加坚果等好吃又有营养的材料，让面包变得更有趣了。想要变化口味但又不想使用添加剂的朋友们，可以试试这些干果面包。

5 夹馅面包

经过上面几个章节的练习，面包的几个关键点都掌握了吧？现在我们可以来进行更高难度的练习了，夹了馅的面包需要重新整形之后再去烘烤。虽然听起来有些难，多多制作也能很快掌握。

6 其他面包及比萨

难度升级，本章中的面包不仅要夹馅再塑形，还要应对各种突然情况。

PART5

甜点类

1 慕斯类

顺滑可口的慕斯不止在夏天受欢迎，冬天吃起来更有一番滋味。制作慕斯不需要用到烤箱，有冰箱就可以，这一点已经足够让人心动了吧。

2 芝士类

芝士和慕斯有啥区别？做法差不多，只是芝士在原材料中多加入了奶油奶酪。

3 布丁果冻类

布丁和果冻是较慕斯和乳酪更简单一些的冷冻甜点。你可以根据自己的喜好，添加水果等食材进去，做出自己的风格来，所以我常说它是简单不简约。

PART6

花样小点

烘焙小白在最初接触挞和派的时候都会傻傻分不清楚，因为外观造型很像。挞和派（*Tart and Pie*）是西点中的一对亲兄弟，它们可以使用同样的面团来做皮（*sweet short pastry*），不同的是挞模的四边是直的，比派模要浅；派模的四边一般是斜的，要深一些。很多派都有“盖”，而挞常常是敞开的。派和挞的种类繁多，造型各异，口味也很丰富，是除了蛋糕外很重要的一类甜点。

1 派

2 挞

3 酥类中式点心

* 注：PART 意思是部分。

Part I
烘焙小知识

烘焙是个坑，进坑里了就要捂紧钱包，食材、模具，每一样买起来都是无底洞。对于烘焙新手来说，最头疼的就是工具的选择了吧。我常常收到私信：“我想做这个蛋糕，但是却不知道需要买哪些工具。”你是否也是这样的小白？没关系，今天我就来总结一下值得新手入手的烘焙基础工具。

烘焙工具

1. 烤箱

首先你得有个烤箱，这个真是硬性条件。烤箱它可是万能的，除了烤饼干烤蛋糕烤面包，我还用它烤各种蔬菜、肉类食材。如果条件允许，建议购买精准控温，30~40升的烤箱。

小烤箱能烤饼干，但是烤蛋糕的话就会受热不均，导致做蛋糕失败。最好能有以下功能：精准控温——一个温度稳定的烤箱是每一次烘焙成功的前提（如果你的烤箱温度不准，你可能需要一只烤箱内部温度计来查看烤箱内的实际温度）；内嵌照明——方便烤制过程中随时查看情况；上下火单独控制——这样不管上下哪一面火大，都能够控制；最好还有发酵功能——这个不是必须的，没有发酵功能的烤箱，调在30℃左右也可以进行发酵。

2. 电动打蛋器

做蛋糕时，当你尝试过用手动打蛋器打发一两个小时，蛋白和奶油依然没打发成功的时候，那么就需要入手一只电动打蛋器了。它非常省时省力，大家都爱用。

3. 隔热手套

烤箱运行前中后期都非常烫，取烤盘的时候需要戴上隔热手套，否则手被烫了不要怪我哦。

4. 分蛋器

分离蛋黄、蛋白的小工具，比如烤制戚风时的分蛋法，要把蛋黄、蛋白分开，就要用到它哟。

5. 黄金烤盘

一般的烤箱都会配一两只烤盘，但我还是建议购买一只黄金不粘烤盘，因为真的太好用太好用了，在同一温度下用不同的烤盘烤饼干，对比之后你就明白了。

6. 刮刀和毛刷

混合粉类材料的时候总不能一直用手吧，于是就产生了刮刀。可以很好地混合、搅拌粉类材料，最推荐一体式硅胶刮刀。

做饼干或者面包的最后一步，有时候需要在上面刷蛋液或者其他液体，就需要用毛刷啦。最推荐动物毛毛刷，硅胶的不太细腻，刷的时候容易刮破面包表层。

7. 手动打蛋器

如果平时只是做一些简单的饼干类小点心，不同大小的手动打蛋器是很必要的。

8. 油纸和锡纸

油纸和锡纸的用处非常大，即使不烤制甜品，日常随便烤什么东西都能用到它们。非不粘烤盘可以垫一张油纸，既保护了烤盘，也起到了不粘的作用。锡纸导热快，烤肉类，还有纸包鱼之类的也能用到。很多时候，油纸和锡纸可以互相替代着使用。

FOR BAKE

9. 粉筛

不管是做饼干还是面包，只要是用到粉类材料的，食谱中都会写过筛。过筛其实就是筛掉面粉中的结块，让粉更细腻，更好地和其他材料融合。粉筛有各类大小，也有各种粗细的。初学者选择中等大小和粗细的即可，熟练之后，再根据自己的习惯更换。

10. 打蛋盆

打发蛋白或者奶油时都需要的大盆，可以是透明的玻璃碗，也可以是不锈钢材质。最好是深一点的容器，避免打发时蛋白或者奶油到处乱溅。不锈钢材质的耐摔，透明材质的更便于观察打发情况，看情况选择。

11. 电子秤

烘焙是一门精确的艺术，无论是烤箱温度还是食材重量，最好都能精确到单位。一只好用的电子秤，能够精确到0.1g，计量单位要有g，方便称量粉类和液体。

12. 量勺和量杯

量勺一般是成套出售，一套5只，我们经常看到国外食谱中的tbsp、tsp就是量勺的单位。称量一些比较少的材料时，多用量勺。

量杯用来称量液体，杯子一侧会有刻度，从50~500ml的都有，需要水和牛奶的时候就可以直接用量杯。

13. 蛋糕模具

做蛋糕或者慕斯都会用到的模具。建议购买一个圆的，一个方的，一个六连模。6寸圆模用来制作戚风蛋糕和慕斯等，长方模具制作磅蛋糕和吐司，六连模制作麦芬或小蛋糕。

14. 派模具

简单又好吃的派需要派模具，图上是一只8寸和3只4寸的黄金活底模具。推荐购买黄金不粘派盘，活底的脱模更方便。

15. 保鲜膜，保鲜袋

烘焙中的很多步骤都会用到，可以多备一点。

16. 擀面杖

用来在平面上滚动，挤压面团等可塑性食品原料。

FOR BAKE
FOR BAKE

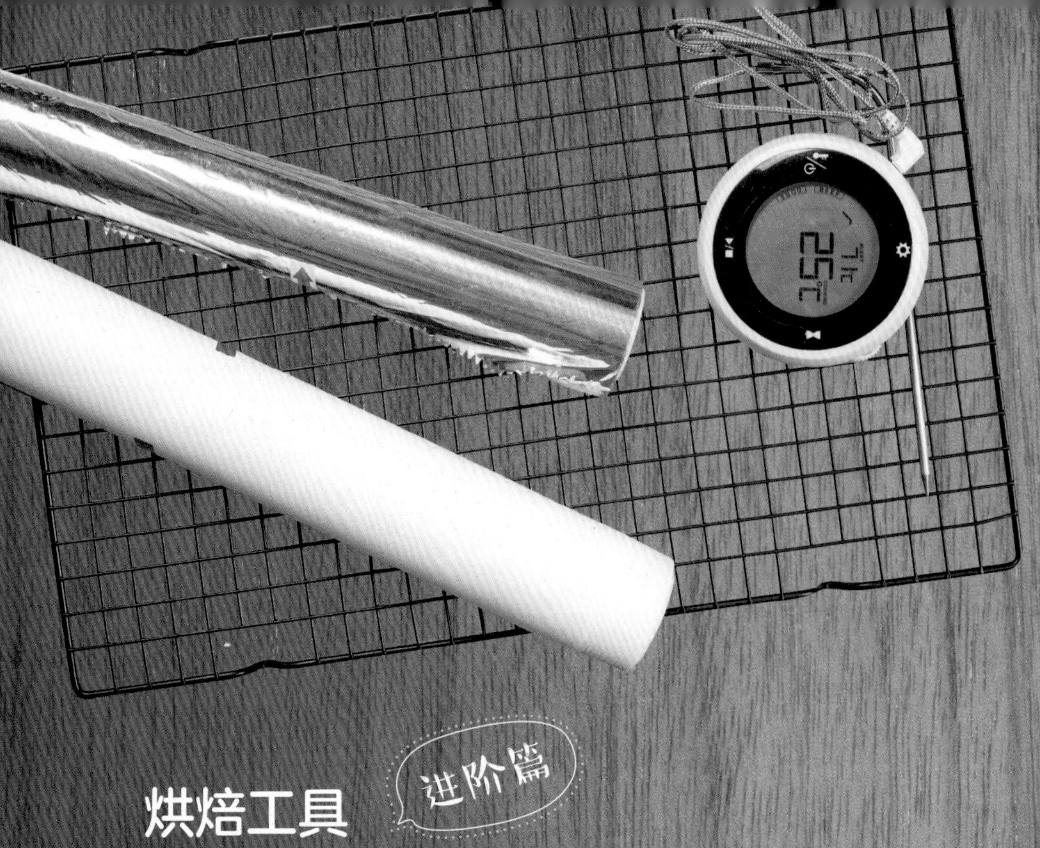

烘焙工具 进阶篇

17. 锯齿刀

分为粗细两种，细锯齿刀可以用来给面团割口，粗锯齿刀主要用来切面包。

18. 刮板

用来分切面团，刮起粘连在案板上的原料等。

19. 奶油抹刀

主要就是用来抹奶油面。

20. 芝士刨

主要是刨芝士，也可以刨水果皮屑。

21. 温度计

在制作马卡龙和一些中式点心，熬糖浆时会用到。

22. 慕斯模具

各种慕斯圈，有活底的，也有空心的，有圆形的、方形的、桃心的。

23. 戚风脱模刀

专门用来给戚风脱模的工具。

24. 慕斯杯

用来分装慕斯或者芝士的小杯子，方便携带与分享。

25. 凤梨酥模具

专门制作凤梨酥的模具，有长方、正方、椭圆等形状。

26. 裱花袋和裱花嘴

挤曲奇和挤奶油时都需要用到，不同形状的裱花嘴可以做出不同的造型。裱花袋有一次型和反复使用型，裱花嘴有直接可用的不锈钢材质的，也有带转换头的。新手建议买一次型裱花袋和简单的几个裱花嘴就够用了。

27. 裱花台

裱花转台，可以转动，主要用来给蛋糕分层、抹奶油等用。

28. 圆球形硅胶模具

可以用来制作圆形冰块，圆形果冻、圆形糖。

29. 冷却架

烤好的面包、蛋糕、点心等移至冷却架上冷却。

食材简介

制作烘焙产品，选取正确的材料是非常重要的，常用的材料分以下几种。

糖类

细砂糖

主要的西式甜点甜味剂，颗粒较为细小，容易搅拌溶化。

红糖

又称黑糖，具有浓郁的焦香味。

糖粉

白色粉末状的糖，更容易在液体中溶化。

粉类

低筋面粉

是蛋白质含量较低的面粉，一般蛋白质的含量在8.5%以下，通常用来制作蛋糕及饼干。

全麦面粉

低筋面粉内添加麸皮，用于蛋糕制作中，可以增添风味。

玉米粉

呈白色粉末状，具有凝胶的特性，添加在蛋糕制作材料中，可让面糊筋性减弱，蛋糕组织更为绵细。

蛋奶原料

鸡蛋

是不可或缺的重要食材，具有凝固性、起泡性及乳化性，是提供蛋白质的主要来源。鸡蛋是制作饼干必不可少的原料，一般情况下制作饼干有使用全蛋的，也有只用蛋黄或者只用蛋白做出来的饼干。书中没有特殊说明的，均是指用全蛋。

奶油

是从牛奶中提炼出来的固态油脂，可让组织柔软及增添风味，使用前要先化开，使用后需放回冰箱冷藏。

Part 2

饼干类

我清晰地记得第一次接触烘焙时做的那款蔓越莓饼干，难忘的不仅是它的味道，更是它给予我的在烘焙道路上愈走愈远的勇气。你要问我饼干有啥优点，那就是“简单，好吃”！我把基础饼干分为两类，一类是用植物油，在家随时都可以制作的低脂饼干；一类是需要用到黄油，香气四溢、酥脆美味的饼干。冬日里，春天里，家里，在外野餐，饼干是随时都能拿出手的小点心。

Part 2

饼干类

① 基础饼干

001 基础植物油饼干

仅需5种最普通常见的食材，就能做出的酥脆饼干，超级简单！吃到成品的时候，你不会相信这是一款只用了5种最简单的材料做出来的饼干！做这款饼干最关键的就是手法，一定要用淘米的手法去操作哟！白砂糖不要用糖粉替换，成品非常让人惊艳；不用黄油，不用鸡蛋，只要按照我的步骤来，十分钟搞定！只用常见的植物油，不含黄油，可以随便吃。

准备材料

白砂糖 —— 30g
低筋面粉 —— 100g
水 —— 20ml
盐 —— 一小勺
色拉油 —— 40ml

制作时间：35 分钟
烘烤温度：160℃

制作方法

1. 把低筋面粉、白砂糖、盐混合，用淘米的手法混合均匀。
2. 加入色拉油。
3. 继续用淘米的手法把油和粉类抓均匀，然后双手搓散，搓成如图所示细小的沙状。
4. 加入水，抓成团。放在案板上压成薄片，这时候有些散散的，不用管它。
5. 对折面团，上下左右对折都行，对折 3~5 次就可以了。
6. 最后压成 1cm 厚的薄片，用刀切成三角形，其他形状也可以。
7. 用叉子叉孔，铺入烤盘，160℃烤 35 分钟。

002 红糖燕麦饼干

香甜醇厚的红糖和谷物燕麦片搭配小火慢烤，带来意想不到的好口感。这款饼干切开的样子超级诱人，烤完我就吃了两块。燕麦作为一种古老的粮食作物，生长在海拔1000 ~ 2700 米的高寒地区，具有高蛋白、低碳水化合物的特点，同时燕麦中富含可溶性纤维和不溶性纤维，能大量吸收人体内的胆固醇并排出体外，这正符合现代所倡导的“食不厌粗”的饮食观；而且燕麦含有的高黏稠度的可溶性纤维，能延缓胃的排空，增加饱腹感，控制食欲。燕麦纤维还可减轻饥饿感，有助于减轻体重。

红糖能快速补充体力、增加活力，两者结合起来的红糖燕麦脆饼，配着红茶，是这个冬日夜里最温暖的慰藉。

准备材料

低筋面粉	110g	盐	1g
泡打粉	2g	鸡蛋	1个
红糖	60g	肉桂粉	2g
燕麦片	50g	小苏打	1g

制作时间：30分钟

烘烤温度：120℃

制作方法

1. 红糖、鸡蛋、盐混合，搅打均匀至表面有一层小气泡。
2. 低筋面粉、泡打粉、小苏打、肉桂粉混合过筛，加入红糖糊中，快速和成粉团。
3. 成团后加入燕麦片，用手混合均匀成团，覆上保鲜膜，松弛10分钟。
4. 松弛好后，用手塑形成长方体，放入烤箱，用150℃烤40分钟。
5. 烘烤后，面团已经膨胀了一些，取出来，切成1cm左右的片。
6. 再送入烤箱，120℃烤30分钟，出炉就是脆饼啦。

香酥的黄油原味曲奇，一次性成功。即使是新手，也能轻松掌握。饼干的成功的关键不外乎黄油的打发程度，而曲奇酥脆的口感完全依靠黄油。黄油一定要足够软化，一定要完全打发至变白变蓬松。和成面团的时候一定要快，掌握这几个要点，保准一次性成功。冬天软化黄油和发酵都是一个大问题，可以把烤箱开到 40℃左右，关火，把黄油或者需要发酵的面团放进去，用余温来软化或发酵。在挤好花纹之后，要马上放进烤箱烘烤，不然烤的时候花纹就会变得不清晰甚至慢慢消失。

003 黄油曲奇

准备材料

低筋面粉	90g	牛奶	30ml
黄油	85g	蛋黄液	15ml
杏仁粉	25g	糖粉	适量

制作时间：17 分钟

烘烤温度：160℃

制作方法

1. 黄油要软化到可以用刮刀轻易刮动的状态，加入糖粉，用电动打蛋器完全打发。
2. 分多次加入蛋黄液，打至蛋液和黄油充分融合。
3. 分多次加入牛奶，打至牛奶和黄油充分融合。
4. 低筋面粉过筛，加入黄油糊中；杏仁粉用手搓散后直接加入其中，快速搅拌成团。不可多搅拌，如果低筋面粉出筋，曲奇就没那么酥啦。
5. 搅拌好的面糊应该是呈现比普通面团要稀一点的状态。装入裱花袋中，安上裱花嘴，挤出喜欢的形状就好。
6. 送入烤箱，160℃烤 17 分钟。冷却后装入密封罐，可保存一周。

004　肉桂曲奇

冬日里怎么也吃不腻的肉桂，没想到用来做曲奇也好吃，口感还蛮舒服，只需从低筋面粉中拿出5g换成肉桂粉就可以了。天冷时，很适合吃肉桂。“奇种天然真味好，木瓜微酽桂微辛，何当更续歌新谱，雨甲冰芽次第论”——清代蒋衡的《茶歌》中，早对肉桂的品质、特征有很高的评价，指出其香极辛锐，具有强烈的刺激感。似乎在大家的印象里，肉桂只有放进面包才好吃，肉桂曲奇其实也很好吃哦！不仅如此，烤肉或者炒菜的时候，加入少量肉桂粉，有助于控制血糖和胆固醇，可以温中健胃，暖腰膝，治腹冷，用来熬粥、炖羊肉也是极好的。

准备材料

低筋面粉	85g	糖粉	30g
黄油	85g	杏仁粉	25g
蛋黄液	15ml	肉桂粉	5g
牛奶	30ml		

制作时间：20 分钟

烘烤温度：160℃

制作方法

1. 黄油一定要软化到用刮刀可以轻易刮动的状态，加入糖粉，用电动打蛋器完全打发。
2. 分多次加入蛋黄液，打至蛋液和黄油充分融合。
3. 分多次加入牛奶，打至牛奶和黄油充分融合。
4. 低筋面粉和肉桂粉过筛，加入黄油糊中。
5. 杏仁粉用手搓散后直接加入其中，快速搅拌成团。不可多搅拌，如果低筋面粉出筋，曲奇就没那么酥啦。搅拌好的面糊应该是呈现比普通面团要稀一点的状态。
6. 装入裱花袋中，安上裱花嘴。这次挤的是比较高一点的曲奇，所以烤制时间也相应地延长了。送入烤箱，160℃烤 20 分钟。冷却后装入密封罐，可保存一周。

005. 葱香曲奇

咸口的葱多多曲奇来啦！酥脆香咸，烤制时的葱香味真是太诱人了！选香葱的时候要切绿色部分，切得越碎越好，切大了放入裱花袋挤压时容易堵住，挤出来的曲奇容易断裂。挤压时，挤均匀一些，否则烤出来容易周边已经上好色了，中间部分还没好。关于加盐的问题，我是没有加的哈。如果你喜欢吃咸的饼干，我觉得可以加 2g 左右。

准备材料

低筋面粉	120g	牛奶	30ml
黄油	85g	糖粉	20g
蛋液	15ml	葱碎	30g

制作时间：20 分钟

烘烤温度：170℃

制作方法

1. 黄油室温软化，加入糖粉，用电动打蛋器搅拌均匀。
2. 分多次加入蛋液，继续搅拌均匀，打至融合才加下一次蛋液。打发好的黄油，体积变大颜色变浅，搅打留下的纹路不会消失。
3. 低筋面粉过筛加入黄油糊中，搅拌均匀至无干粉即可，不用过分搅拌。
4. 葱碎加入面糊中。
5. 加入牛奶，继续用刮刀搅拌均匀，呈黏稠的半干糊状。
6. 装入裱花袋挤出形状，放入烤箱，170℃烤 20 分钟。

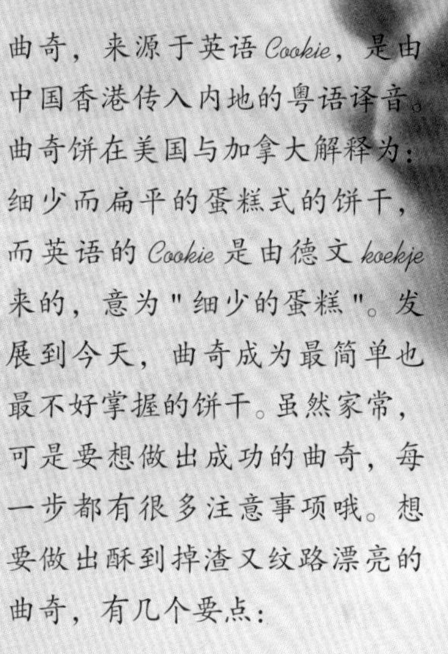

曲奇，来源于英语 *Cookie*，是由中国香港传入内地的粤语译音。曲奇饼在美国与加拿大解释为：细少而扁平的蛋糕式的饼干，而英语的 *Cookie* 是由德文 *koekje* 来的，意为"细少的蛋糕"。发展到今天，曲奇成为最简单也最不好掌握的饼干。虽然家常，可是要想做出成功的曲奇，每一步都有很多注意事项哦。想要做出酥到掉渣又纹路漂亮的曲奇，有几个要点：

1. 黄油的软化程度，直接决定了最后成品的酥脆状态，一定要软化到可以用手指轻易地戳洞。

2. 打发程度：加糖粉和鸡蛋之后，要打发到黄油颜色变浅，体积变大一倍。

3. 筛入粉类之后，不要过分搅拌，只要拌至无干粉即可。搅拌太久粉类会出筋，出筋的话则会影响饼干的酥脆程度。

4. 挤好花纹之后要马上放入烤箱烤，暴露在空气中太久的话，烤的时候纹路容易消失。

006　抹茶曲奇

准备材料

低筋面粉 —— 120g
黄油 —— 85g
蛋液 —— 15ml
牛奶 —— 30ml
糖粉 —— 30g
抹茶粉 —— 5g

制作时间：25 分钟
烘烤温度：170℃

制作方法

1. 黄油室温软化，加入糖粉，用电动打蛋器搅拌均匀。
2. 分多次加入蛋液，继续搅拌均匀，打至融合。
3. 打发好的黄油，体积变大颜色变浅，搅打留下的纹路不会消失。
4. 低筋面粉与抹茶粉混合过筛，加入黄油糊中，搅拌均匀至无干粉即可。
5. 加入牛奶，继续用刮刀搅拌均匀，呈黏稠的半干糊状。
6. 装入裱花袋，挤出一朵一朵的形状，放入烤箱，170℃烤 25 分钟。

007 柠檬饼干

柠檬这个小东西呀，烘焙中用得真不少：打蛋白要用柠檬汁去腥；做果酱要用柠檬汁腌制。柠檬饼干以柠檬为主角，充分发挥了柠檬的香气，刨皮屑的时候双手都是香香的柠檬味，烤制的时候也是满屋子飘香。吃的时候更不说了，回味浓郁，每次烤出来的时候都会被哄抢。即使放了几天，依然清爽酥脆。柠檬因其味道极酸，深受孕妇的喜爱，故称益母果或益母子。柠檬中含有丰富的柠檬酸，因此被誉为“柠檬酸仓库”。它的果实汁多肉脆，有浓郁的芳香气，富含维生素 C，能化痰止咳、生津健胃，用于辅助治疗百日咳、食欲不振、维生素缺乏等症状。柠檬和蓝莓一样，可以治疗坏血症。烘焙里的清新果酸味，主要是靠柑橘类水果来提升，譬如黄柠檬、青柠檬、鲜橙等。下面教大家快速榨汁及有效利用的小窍门：

1. 在室温中榨汁。这是因为如果温度较低，水果的出水率会有所降低，而室温是效果最佳的温度。

2. 在榨汁前，先用手掌心在平面上把柑橘水果来回搓揉几次，然后水平切开两半，再用榨汁器处理即可。一次榨完用不掉的汁可以放进冰格里冷冻，这样下次可以直接做饮品。

准备材料

低筋面粉 —— 100g
黄油 —— 65g
糖粉 —— 50g
盐 —— 少许
新鲜柠檬 —— 1 个

制作时间：15 分钟
烘烤温度：180℃

制作方法

1. 剥下一个柠檬的皮，刨成碎，不刮到白色部分。
2. 取半个柠檬的汁。
3. 黄油室温软化，加入糖粉搅拌均匀，不用打发，拌匀就可以了。
4. 加入柠檬汁，拌匀。
5. 筛入低筋面粉，加入柠檬皮屑和盐。
6. 揉成团。
7. 把面团塑形，我做的是正方形成品，所以塑了如图所示的形状，包上保鲜膜，放入冰箱冷冻半小时。
8. 取出冷冻好的面团，切成大约1cm厚的片状。
9. 如果切片后有些许变形，用手稍微整一下，铺入烤盘，180℃烤15分钟。

008 山楂饼干

万万没想到，山楂也可以做饼干。黄油饼干底中加入切碎的山楂，烤出来有种酸酸甜甜的香。山楂味酸，加热后会变得更酸；但在今天这款方子中，适量的山楂碎丁和黄油的融合，让这份酸味的层次感更丰富，香脆酥松到让人想不到这是山楂做的饼干。饭后来两块，健胃又消食。山楂酸甘，微温。《唐本草》说它：味酸，冷，无毒。《药品化义》说它：入脾、肝二经。山楂可以消积食，散瘀血，驱绦虫。山楂饼干方子和蔓越莓饼干方子差不多，可以用自己熟悉的蔓越莓方子来做，把蔓越莓干替换成山渣碎丁就行。

准备材料

低筋面粉 —— 120g

黄油 —— 60g

山楂 —— 80g

白砂糖 —— 65g

蛋液 —— 60ml

制作时间：30 分钟

烘烤温度：170℃

制作方法

1. 新鲜山楂洗净，去头去蒂，对半切开，刨去籽。
2. 切成碎丁。
3. 黄油室温软化至可以用手动打蛋器顺滑搅打的状态。
4. 加入白砂糖，继续搅拌均匀。
5. 黄油糊中分多次加入蛋液，每一次搅拌均匀后才加入下一次，避免出现油水分离。
6. 筛入低筋面粉，搅拌均匀。
7. 加入山楂碎丁，快速揉成团。
8. 然后塑形成长条状。我做的成品是方形，所以塑成长条状，也可以塑成其他形状。用保鲜膜裹住，送入冰箱，冷冻 1 小时。
9. 取出冷冻好的面团，切成 0.3cm 厚的薄片。
10. 送入烤箱，170℃烤 30 分钟。

1
2
3
4
5
6
7
8
9
10

Part 2

饼干类

②进阶饼干

“美不过樱花，勇不过武士”，纵是向着星辰大海而征战，心里也不免泛起樱花柔光。明代李时珍著《本草纲目》中说樱花：“本小实大，甘甜，味美可食。”盐渍樱花作为日本的经典食材，大概每个去过日本的人都会带回来一些吧。正好用来做这款高颜值的樱花饼干。淡淡的咸味与甜味交融，我的心里也开出了温柔的花。配方中采用的是白砂糖而非糖粉，加上饼干表层的樱花留下的咸味，给这款无论何时拿出手都不会让人失望的饼干增添了无限风味。

009　盐渍樱花饼干

准备材料

无盐黄油 —— 100g
白砂糖 —— 40g
低筋面粉 —— 130g
高筋面粉 —— 40g
盐 —— 少量
日本盐渍樱花 —— 一包

制作时间：20 分钟
烘烤温度：160℃

1

2

3

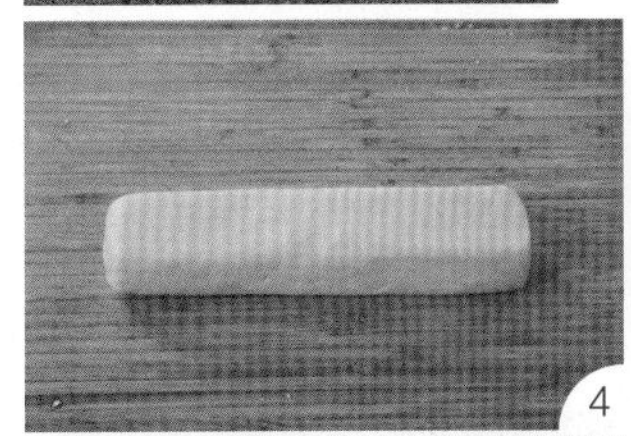
4

5

6

7

制作方法

1. 盐渍樱花先用温水泡开。一定要泡，不然樱花伸展不开，又很咸。
2. 黄油室温软化，加入白砂糖，打发至变白体积变大。
3. 盐、低筋面粉、高筋面粉混合过筛，加入黄油糊中，用刮刀刮拌均匀，至无干粉。
4. 将混合好的面团塑形，我塑的是长条形，也可以做成其他任意形状。裹上保鲜膜，放入冰箱冷冻半小时。
5. 取出面团，切成 0.3cm 左右的薄片，把温水泡开的樱花铺在饼干坯表面。
6. 铺樱花时，用手指轻轻按压，如果没按紧，烤的时候会飞起来。
7. 铺完后，送入烤箱，160℃烤 20 分钟。

010 红糖核桃饼干

养气补血的小能手，非红糖核桃三角小饼干莫属。红糖核桃饼干属于典型的冷藏酥饼，蔓越莓饼干也是。冷藏酥饼需要把面团塑形，放入冰箱冷冻成型。

冷冻的好处有三：一是方便塑形切片；二是可以让黄油与红糖更好地融合；三是可以一次性做多点面团冻在冰箱里，想吃的时候拿出来切片烤就行。形状也很多变，可以是三角形、正方形、长方形、圆形。塑形我一般用手，如果觉得掌控不好，可以借助卷寿司的竹帘。

红糖含有丰富的维生素和微量元素，如铁、锌、锰、铬等，营养成分比白砂糖高很多。因为没有经过高度精炼，几乎保留了蔗汁中的全部成分，因此更加容易被人体消化吸收，能快速补充体力、增加活力，被称为“东方的巧克力”。从中医的角度来说，红糖性温、味甘、入脾，具有益气补血、健脾暖胃、缓中止痛、活血化瘀的作用，对于老年人和女性来说，是很好的日常食物和滋补佳品。核桃，又称胡桃，与扁桃、腰果、榛子并称为世界著名的“四大干果”。核桃仁含有丰富的营养素，有“万岁子”“长寿果”“养生之宝”的美誉。核桃味甘、性温，入肾、肺、大肠经，可补肾、固精强腰、温肺定喘、润肠通便。秋季是吃核桃的最佳时节。这款红糖核桃三角饼干，完全就是为秋天量身定制的。

准备材料

红糖 —— 80g

黄油 —— 100g

低筋面粉 —— 150g

烤熟的核桃 —— 40g~60g

蛋液 —— 30ml

制作时间：15 分钟

烘烤温度：180℃

制作方法

1. 黄油室温软化至可以用手指戳洞，加入红糖，打发至可以拉起如图所示的直角。
2. 分多次加入蛋液，每加入一次都要搅拌均匀。此时可以把核桃放入烤箱，180℃烤 15 分钟，烤香后切碎放凉备用。
3. 黄油糊中筛入低筋面粉，搅拌至无干粉，可以成团即可。
4. 加入已经冷却的核桃碎，混合均匀。
5. 此时面团比较湿润，比较软，用手（或者竹帘）给面团塑形。我塑了一条三角体，一条长条形，还可以塑成圆柱形的。
6. 用保鲜膜包裹，送入冰箱，冷冻半小时。冷冻好的面团比较硬，方便切片。切成 0.6cm 左右的厚度就行，送入烤箱，180℃烤 15 分钟。

011　可可奶酪夹心饼干

想吃可可饼干，也想吃奶酪，不如把两者结合在一起，做成可可奶酪夹心饼干嘚！夹心饼干里我最爱的就是奶酪夹心饼干，饼干底部分可以做各种形状，甚至还可以做中间镂空的，这样就能一眼看到奶酪馅了。制作奶酪馅时还可以加入白巧克力、黑巧克力、抹茶粉、果酱等，满足不同口味的需要。浓郁的奶酪夹心融合于微苦带甜的黄油可可饼干中，这绝妙的滋味，需用冰箱冷藏一夜之后才能体会，真的好吃到飞起。

准备材料

低筋面粉	150g
黄油	60g
奶粉	10g
可可粉	10g
蛋黄	1个
糖粉	40g

制作时间：15分钟

烘烤温度：180℃

制作方法

1. 黄油室温软化，加入糖粉，打发至变白变蓬松。
2. 加入蛋黄，继续打发均匀。
3. 其他粉类混合过筛，加入黄油糊中，快速揉成团。
4. 塑形成长条状，放入冰箱，冷冻半个小时。
5. 取出面团，切成大约 0.2cm 的薄片，比平时不夹心的饼干薄一些。送入烤箱，180℃烤 15 分钟。
6. 奶酪夹心部分材料：奶油奶酪 50g，黄油 15g，糖粉 15g。
7. 混合打至顺滑即可，装入裱花袋。
8. 等烤好的可可饼干全部冷却后，就可以挤上奶酪夹心了。
9. 合起来，冷藏一夜之后更好吃哦。

012　咸味土豆饼干

就算冰箱里没有鸡蛋，没有黄油，只要有万能的土豆，搞定它就没问题！无需打发甚至都不需要借助工具，用手即能完成。最关键的是，咸味和土豆味在一起，味道太棒了！酥脆的口感，表面微微的焦黄色，看着都想吃呢。

土豆又叫马铃薯，因形状酷似马铃铛而得名，此称呼最早见于康熙年间的《松溪县志食货》。土豆含有大量的淀粉，蛋白质含量很高，与鸡蛋相当，容易消化、吸收，优于其他作物；钾含量丰富，几乎是蔬菜中最高的，所以还具有瘦腿的功效。这款咸味土豆饼干，不含鸡蛋！不含黄油！不含糖！是不是非常健康？是不是非常棒？没错！低脂瘦身小零食非它莫属！

准备材料

熟的土豆 —— 80g
低筋面粉 —— 120g
玉米淀粉 —— 30g
色拉油 —— 40ml
小苏打 —— 1g
盐 —— 2g
水 —— 少量

制作时间：15~18 分钟
烘烤温度：170℃

制作方法

1. 低筋面粉、玉米淀粉、小苏打、盐混合过筛。
2. 加入色拉油，用手混合均匀呈松散状。
3. 热土豆用叉子叉成泥。
4. 土豆泥加入面粉糊中，混合成团。如果太干，可加少量水，不过最好用土豆本身的水分去粘合。
5. 混合成团。
6. 擀成薄片，越薄越好。太厚不好烤，大约擀到 0.3cm 厚就行。
7. 用刀切成 4cm×4cm 的方片，用叉子叉一些孔。
8. 给饼干表面刷一层水。
9. 水干之前，撒一些盐粒在上面。
10. 送入烤箱，170℃烤 15~18 分钟。如果前面成团时加水略多，烤制时间要延长。

1
2
3
4
5
6
7
8
9
10

双色饼干总是令人心动。做习惯了单一的味道，可以来尝试一下这款大理石饼干：加入可可粉的面团和原味面团扭打在一起，形成了花纹不一样的饼干。今天具体给大家说一说，怎么用一条饼干坯做出很多不同花纹的大理石饼干：就是扭一扭、折一折，再扭一扭、折一折，想多要花纹的话，就多重复这个动作，最后就能得到不同花纹的饼干啦！是不是很炫酷？大理石饼干变化多端，加入抹茶粉就是绿色大理石，加入红曲粉就是红色大理石，可以把两份面团分成四个颜色，两两组合得到多种花纹的大理石饼干。超棒的是不是？

013 大理石饼干

准备材料

低筋面粉 —— 160g　　蛋液 —— 15ml
黄油 —— 100g　　糖粉 —— 30g
可可粉 —— 4g

制作时间：15 分钟
烘烤温度：180℃

制作方法

1. 黄油室温软化，加入糖粉打发至变、白变、膨胀。加入蛋液，继续搅打均匀。
2. 低筋面粉筛入黄油糊中，用手和成团。
3. 把面团分成两份，一份筛入可可粉，揉均匀。另一份保持原样。
4. 把两份面团搓成长条状，旋转着扭在一起，然后再折起来，再旋转着扭。想要得到简单花纹的，折两次就行了，想要更复杂的花纹，需要多折几次。
5. 折好后的面团搓成圆柱形，覆上保鲜膜，送入冰箱冷冻半小时。
6. 切成 0.5cm 的薄片，送入烤箱，180℃烤 15 分钟。

014 椰蓉饼干

在冬天想念夏天的味道，想喝椰汁，想吃椰蓉饼干！此方子加入了杏仁粉和椰蓉，冷冻的时间一定要长，不然切出来会散掉。烤出来的成品不仅酥得一碰就碎，而且入口即化，椰香浓浓，是一款美味小饼干！椰子作为典型的热带水果，拥有热带水果的迷人气质，那就是香气特别浓郁。椰蓉是椰丝和椰粉的混合物，应用于烘焙糕点的制作中，添加了椰蓉或椰浆的饼干面包都特别好吃。反正我很爱吃！

椰子味甘、性平，入肺、胃经，具有补益脾胃、杀虫消疳之功效，还有滋润皮肤、驻颜美容的作用。椰蓉富含糖类、脂肪、蛋白质、B族维生素、维生素C及微量元素钾、镁等。

准备材料

材料	用量	材料	用量
低筋面粉	80g	糖粉	30g
黄油	100g	椰蓉	70g
蛋黄	1 个	杏仁粉	20g
白砂糖	适量		

制作时间：20 分钟

烘烤温度：170℃

制作方法

1. 黄油室温软化，加入糖粉打发至变白变蓬松。
2. 加入蛋黄，继续打发均匀。
3. 用粗筛网分两次筛入低筋面粉、杏仁粉和椰蓉。第一次筛入后搅拌均匀，再加入下一次。
4. 搅拌成团，塑形成截面为正方形的长条，放入冰箱冷冻一个小时以上。
5. 切成 0.8cm 的薄片，一定要冻得很硬再切，不然容易散掉。四周蘸一圈白砂糖（白砂糖也可以换成椰蓉）。
6. 送入烤箱，170℃烤 20 分钟，边缘颜色会先变深，随时注意查看。

015 白芝麻薄脆

做这款小点心，可以利用做其他产品剩余的蛋白，家里的普通材料也能搞定。采用熟白芝麻为原材料，如果没有，也可以用熟黑芝麻代替，口味各有不同。如果是生芝麻，可以先用小锅炒熟，或者用烤箱烤熟烤香。

白芝麻具有含油量高、色泽洁白、籽粒饱满、种皮薄、口感好、后味香醇等优良品质，白芝麻及其制品具有丰富的营养性和抗衰老性。在我国古代，芝麻历来被视为延年益寿食品，宋代大诗人苏东坡也认为芝麻能强身体、抗衰老，“以九蒸胡麻同去皮茯苓，少入白蜜为面食，日久气力不衰，百病自去，此乃长生要诀”。所以没事的时候做点白芝麻薄脆也是乐事一件，又快又养生。

准备材料

低筋面粉 —— 20g
糖粉 —— 20g
熟白芝麻 —— 30g
盐 —— 少许
色拉油 —— 20ml
蛋白 —— 30g

制作时间：10 分钟

烘烤温度：170℃

制作方法

1. 蛋白分两次加入糖粉，用手动打蛋器搅拌均匀，不用打发，只要搅打至黏稠就可以了。
2. 加入色拉油、盐，筛入低筋面粉，搅拌均匀。
3. 加入熟白芝麻，搅拌均匀。如果是生白芝麻，就先用烤箱 180℃烤 10 分钟，或者用小锅炒熟。
4. 搅拌好的面糊装入裱花袋，剪口，在烤盘上从中心以螺旋式往外挤。
5. 轻拍烤盘底部，让面糊散开。
6. 送入烤箱，170℃烤 10 分钟。摊得越薄，口感越脆。我还试过勺子法、平铺法，还是裱花袋法最好用。

016 杏仁瓦片

一款以杏仁片为主要原料的瓦片酥，薄酥香脆。我把糖的分量减到最少，旨在做一款健康的加餐小零食。杏仁与牛奶一起享用，美容润肤效果显著。你可知道杏仁的南北之分？南杏仁也叫甜杏仁，微甜、细腻，可直接食用，还可作为原料加入蛋糕、曲奇和菜肴中；北方产的杏仁又叫苦杏仁，带苦味，要用清水泡三天以上才能去除苦味，多入药。南杏仁偏滋润，治肺虚、肺燥的咳嗽；北杏仁善降肺气、平喘，治肺实的咳喘。

准备材料

杏仁片	60g	黄油	8g
蛋白	20ml	糖粉	30g
玉米淀粉	5g		

制作时间：13 分钟

烘烤温度：160℃

制作方法

1. 蛋白加糖粉，用刮刀搅拌成如图所示的黏稠状态。
2. 加入杏仁片搅拌均匀。搅拌的时候注意不要弄碎杏仁片，轻轻地翻拌。
3. 加入熔化后稍微冷却的黄油，继续搅拌均匀。
4. 搅拌好的杏仁片糊，盖上保鲜膜，常温下静置一个小时，让杏仁片和蛋白充分地融合在一起。
5. 筛入玉米淀粉，搅拌均匀，再静置半个小时。
6. 用勺子把杏仁片糊分压在烤盘上，压平压薄一些，不然烤出来有些部分焦了，有些部分还没熟。放入烤箱，160℃烤 13 分钟。

017 奶酪椒盐饼干

带着马苏里拉芝士香气的咸香饼干，做成小小的一个圆片，用叉子做装饰，出乎意料地好吃，吃了第一个就停不下来了呢！今天的方子虽然只加入了很少的奶酪，奶香味却一点也不逊色。吃多了甜腻腻的点心，你需要的正是这一款！

奶酪的主要原料是牛奶，制作1kg的奶酪大约需要10kg的牛奶，因此，奶酪又被称为“奶黄金”。成品有清新的画风，不造作的味道。如果你是重口味，可以加上几g辣椒粉。家里有椒盐的可以用椒盐粉，没有的话就把花椒粉稍微炒熟一下，加点盐混合均匀，香气会更浓郁。不想放花椒也可以，这样饼干出来就只是单纯的咸味。还可以加入干葱碎、孜然粉，总之这是很随意的一款饼干。

准备材料

材料	用量	材料	用量
高筋面粉	60g	黄油	100g
低筋面粉	80g	花椒粉	6g
糖粉	30g	蛋黄	1个
马苏里拉奶酪碎	30g	盐	4g

制作时间：22 分钟

烘烤温度：180℃

制作方法

1. 黄油室温下软化。
2. 加入糖粉打发至颜色变浅，再加入打散的蛋黄，搅拌均匀。
3. 马苏里拉奶酪碎加入黄油糊中，再加入盐。
4. 加入花椒粉。
5. 筛入剩下的粉类，揉成团。覆上保鲜膜，常温下静置半个小时。
6. 静置好的面团称重，均分为 15g 一个的面团，压平，再用叉子压一下做装饰。送入烤箱，180℃烤 22 分钟。

018　肉松苏打饼干

苏打饼干的制造特点，是先在小麦粉中加入酵母，类后调成面团，经短时间发酵后造型。苏打含有碳酸氢钠，可以平衡人体酸碱度，但不宜多吃。苏打饼干虽含大量淀粉，但不能代替其他淀粉类主食，再加上它含有高盐分，多吃不仅影响体重，还会增加患高血压、高血脂和高胆固醇的风险。此外，食用苏打饼干也会快速提升人体的糖分指数，所以糖尿病患者不宜常吃。常见的苏打饼干有奶盐味、芝麻味、海苔味，还可以加肉松哦。

准备材料

低筋面粉 —— 100g
肉松 —— 30g
干酵母 —— 3g
盐 —— 少许
牛奶 —— 60ml
色拉油 —— 25ml
小苏打 —— 1g

制作时间：13~15 分钟
烘烤温度：170℃

制作方法

1. 把干酵母泡在温牛奶中，牛奶和手的温度差不多就行。
2. 把所有材料混合在一起，揉成团。
3. 覆上保鲜膜，放在常温下发酵一个小时。
4. 拿出面团，擀成 0.2cm 的薄片。
5. 用刀子切成 3cm×4cm 的长方形，用叉子叉孔排气。
6. 送入烤箱，170℃烤 13~15 分钟。烤制时间根据厚度可以调节。

019　燕麦能量棒

自己做的能量棒，切成小小的一块，不论是作为早餐还是加餐小零食，都很健康。满满的燕麦、坚果和果脯，一口下去也是大满足。能量棒起源于 1985 年，是一名马拉松运动员的妻子——一名营养学家特别研制的运动营养食品，用来补充能量。能量棒这个东西大家都不陌生，印象中运动员经常吃能量棒，大量的运动消耗需要源源不断的能量补充。能量棒到今天只有短短 20 多年的历史，虽然起步晚，但发展很快。能量棒富含热量、脂肪和维生素，可以帮助肌肉在运动后舒缓，能量提升，也可以作为两餐之间满足口欲的健康零食。今天的谷物燕麦能量棒，以燕麦为主料。燕麦含有较多纤维素，烤过的燕麦香气四溢，再加上甜甜的果干和脆脆的坚果，绝对是老少皆宜的大众口感。可以做了囤起来，饿了就来一根。

准备材料

燕麦	100g	杏仁片	25g	蜂蜜	30ml
黑芝麻	13g	白砂糖	40g	花生	25g
白芝麻	13g	黄油	50g	花生碎	25g
杏仁	25g	混合果脯	50g		

制作时间：25 分钟

烘烤温度：160℃

制作方法

1. 燕麦和谷物铺入烤盘，160℃烤 10 分钟。取出放凉后切碎，同时也把果脯切碎。
2. 黄油、白砂糖、蜂蜜放入锅内加热，煮到化开。
3. 把燕麦谷物碎和果脯碎混合，倒入黄油糖浆，搅拌均匀。
4. 铺入烤盘。这一步要快，糖浆很快就会凝固定型。
5. 垫一张油纸在上面，用手压平。送入烤箱，160℃烤 25 分钟。放至温热时，切块。完全放凉的话，切块会碎。

020 火柴棍饼干

虽然是很简单的一款基础饼干，但是蘸上巧克力，咱就不一样了啊，要怎么萌就怎么萌！每次说起火柴，我都会想起卖火柴的小女孩，就像火柴给小女孩带来的美好幻想一样；也许我们沉闷的生活需要这样一款五彩缤纷照亮心情的小饼干。今天用的材料的分量可以做50根左右的火柴，开学了做给“小盆友们”带去学校，与小伙伴一起分享，是一件很美妙的事。人与人的情感会在分享食物的那一刹加速升华。好啦，我也要去和我可爱的小伙伴们一起吃火柴了。制作彩色巧克力酱嫌麻烦，可以直接买彩色的烘焙专用巧克力砖，每次用的时候刨一小点就行。

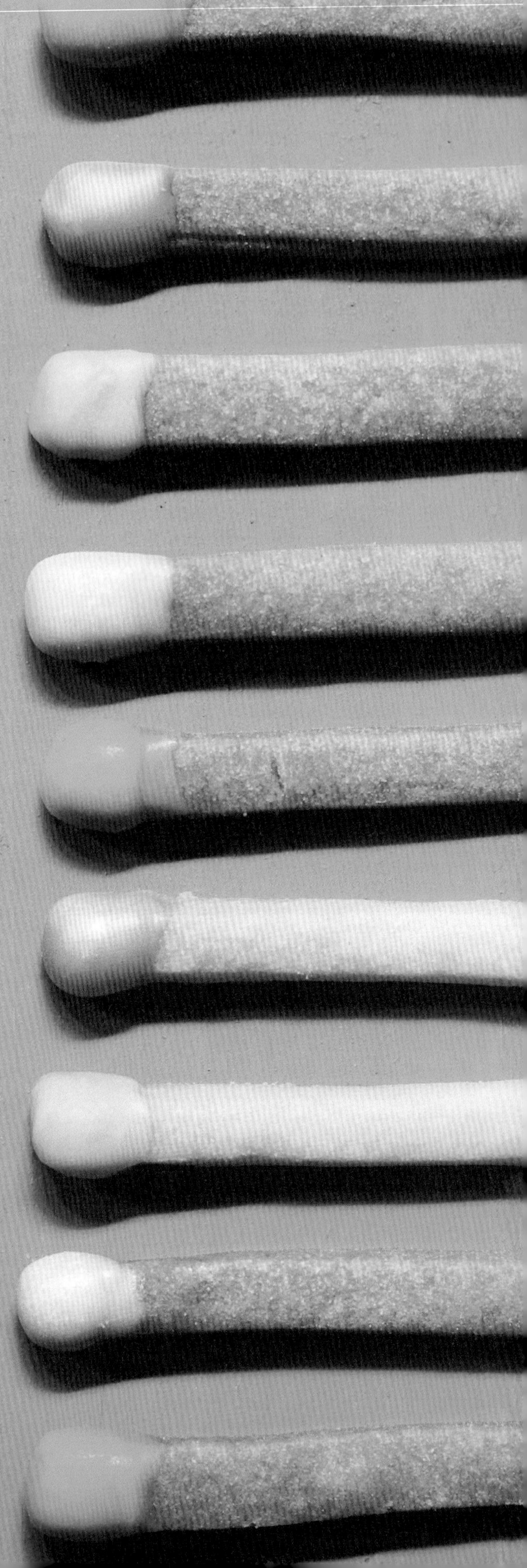

准备材料

中筋面粉 ———— 120g
糖粉 ———— 20g
黄油 ———— 85g
白巧克力 ———— 少许
食用色素 ———— 少许

制作时间：12 分钟
烘烤温度：175℃

1

2

3

4

5

制作方法

1. 黄油室温下软化，至手指可以戳洞。
2. 筛入糖粉，用手动打蛋器打发至蓬松。筛入中筋面粉，搅拌均匀，直至面团成形。
3. 把面团擀成薄片（薄片的厚度取决于你要的火柴大小），包上保鲜膜，冷藏半个小时后切条，然后送入烤箱，175℃烤 12 分钟。
4. 准备装饰部分：白巧克力隔水化开，加入色素（一滴就够了）。
5. 冷却好的饼干棒蘸上彩色巧克力，要想更像火柴头，建议蘸两次，第一次的巧克力干了之后，再裹一层。

021 旺仔小馒头

一口一个好好“次”！本来只是想复刻一下小时候吃的旺仔小馒头，没想到创造了一个超级好“次”版本的小馒头。自制的好处就是能控制添加剂的应用，我做的时候只加了少量的泡打粉。做旺仔小馒头是一件需要耐心的事，比如搓小馒头，别看配方量少啊，我可是足足搓了一个小时。两个烤盘，一共 100 个呢！当然了，如果你不想搓，可以做大馒头嘛！木薯粉可以用玉米淀粉、土豆淀粉、红薯粉等代替。还有几个注意事项：

1. 搓小馒头的时候要搓紧实一点。因为有泡打粉，烤的时候会膨胀，没搓紧的话烤出来会有裂纹。
2. 我是在小馒头上刷了一点蛋液，这个具体看你们自己喜好哈，不喜欢就不刷。
3. 方子里的低筋面粉加得越少越酥脆。

准备材料

低筋面粉	20g	糖粉	20g
玉米淀粉	35g	木薯粉	35g
蛋液	20ml	黄油	20g
蜂蜜	1茶匙（6ml）	泡打粉	2g

制作时间：13 分钟

烘烤温度：180℃

制作方法

1. 黄油室温软化，打发至体积膨胀，颜色变浅，打蛋器拉起有坚挺直角。
2. 糖粉过筛，加入黄油，搅拌均匀。倒入蛋液，搅拌均匀。
3. 加入蜂蜜，搅拌均匀。
4. 其他所有粉类混合均匀，过筛加入黄油糊中，混合成团。
5. 揉成团，搓成小条。
6. 我是按照 1g 一个的重量来搓的小馒头，这点量刚好搓出来 100 个，放在两个黄金烤盘里，180℃烤 13 分钟。

022 咪咪虾条

还记得我们小时候最喜欢的零食吗？所有80后、90后最难忘的回忆，就是5毛钱的咪咪虾条。红色的包装袋上有一只咪咪，在弹着吉他。我记得小时候的咪咪虾条里面除了长虾条，还会有青豌豆和空心方块。咪咪虾条作为一种以淀粉为主的风味小吃，当年风行大江南北，后来还有各种山寨版本出来。现在咪咪虾条依然还在卖，价钱几十年如一日的还是5毛钱。自己动手做咪咪虾条，复刻的不仅是虾条本身，更是重现了儿时的点滴。香脆可口的咪咪虾条，简单易学，出烤箱掰断它的那一瞬间，真是奇妙！

准备材料

低筋面粉	45g	糖粉	1g
色拉油	3ml	盐	0.5g
蛋液	30ml	鸡精	1g
玉米淀粉	15g		

制作时间：15 分钟

烘烤温度：170℃

制作方法

1. 把所有材料一起倒入面包机内。
2. 和成光滑的面团。
3. 把面团擀成薄片。
4. 切成条，就照着咪咪虾条的大小来。
5. 放入不粘烤盘，170℃烤 15 分钟。烤的时候要注意，因为很细，所以很容易烤焦，最好烤的时候在旁边盯着。烤好之后，用手掰断！咔嚓！美味极了！

023 芝士条

零基础零失败的饼干面包棒，就是用今天这个方子。饼干和面包的特质都有一点，加入芝士粉进行短时间发酵，既有饼干的香脆，也有面包的耐嚼，做成扭扭棍的样子，一根又一根，好吃不止一点点。关键是这方子太简单、太容易上手了，不用打发黄油，也不用揉面团揉到手软；而且芝士粉还这么香，加了芝士粉的零食都很好吃！我是芝士控，别拦着我！

芝士源自于西亚，是一种自古流传下来的美食。芝士的风味在古代欧洲开始酝酿，到了公元前 3 世纪，芝士的制作已经相当成熟。人们在古希腊时奉上芝士敬拜诸神，芝士蛋糕就源于古希腊。在古罗马时期，芝士更成为一种表达赞美及爱意的礼物，接着由罗马人将芝士蛋糕从希腊传播到整个欧洲。芝士不仅西方有，同时也是我国西北的蒙古族、哈萨克族等游牧民族的传统食品。在内蒙古称为奶豆腐，在新疆俗称乳饼，完全干透的干酪又叫奶疙瘩。芝士吃多了不容易消化，不适合肠胃不好的人，但适合体质不好的人，因为奶酪富含蛋白质和钙、脂肪等很多营养。扭扭芝士条吃起来有奶酪的香气，把它作为一个基础方子，我们还可以在里面加入芝麻、海苔、肉松等辅助的材料，让芝士条更多变更美味。

准备材料

高筋面粉 ———— 125g
芝士粉 ———— 25g
水 ———— 80ml
盐 ———— 3g
橄榄油 ———— 4ml
白砂糖 ———— 4g
干酵母 ———— 3g

制作时间：20 分钟
烘烤温度：170℃

制作方法

1. 除水外的所有材料混合，先加一点水。
2. 揉成团，慢慢加水，不用全加完，能成团即可。覆上保鲜膜，常温发酵一个小时，图中是发酵好的状态。
3. 拿出面团，用手按压排气，再揉成团，覆上保鲜膜，常温发酵 15 分钟。
4. 将短暂发酵好的面团擀成大约 0.8cm 的薄片。
5. 用刀把面皮切成大约 0.5cm×15cm 的长条。
6. 拿住面条的一端转一转，就扭好了。铺入烤盘，上下火 170℃烤 20 分钟。根据你切的面皮的厚薄长短，调节烤制时间。

Part 3
蛋糕 类

大家都喜欢的基础蛋糕非戚风莫属。细腻柔软，变化多端，有“小白”说别看戚风简单，却要磕十几次才能磕出来。别担心，按照我的步骤，即使你是零基础，也能妥妥地掌握要点，不做失败戚风。

Cak

Part 3

蛋糕类

① 戚风蛋糕

024 原味戚风

一千个人心中有一千个戚风方子，我的这个方子，虽然油、水、面粉都比其他方子多，但是它细腻呀！绵润弹牙，久吃不腻，搭配淡奶油和水果食用，效果更佳哦。8寸的材料量，就是6寸的材料量 ×2。觉得鸡蛋腥的“宝宝”可以加几滴柠檬汁或白醋去腥。戚风的方子很多，我的建议是选中一个方子，专门练习，有什么问题就逐个排查，一遍一遍地做。

准备材料

低筋面粉 —— 80g
鸡蛋 —— 3个
白砂糖 —— 70g
色拉油 —— 45ml
水 —— 45ml

制作时间：40分钟
烘烤温度：170℃

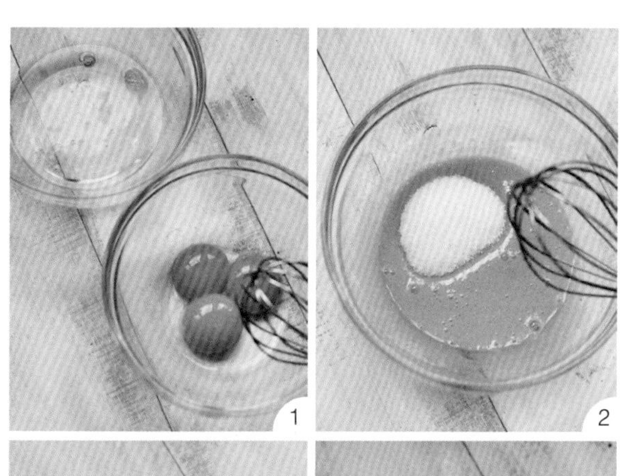

制作方法

1. 蛋清蛋黄分离。
2. 蛋黄打散，加入20g白砂糖，搅拌均匀。
3. 加入色拉油，搅拌均匀，至乳化状态。
4. 加入水，搅拌均匀，至表层有一层小细沫。

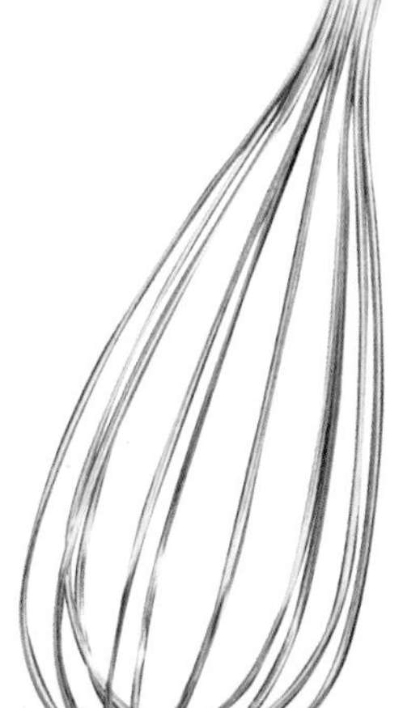

5. 低筋面粉先过一次筛，过筛时要从 20cm 高处落下，这样能最大限度地裹入空气，蛋糕体才能松软。
6. 然后再过筛，加入蛋黄糊中，搅拌均匀，至无干粉。
7. 蛋白先用电动打蛋器打至有鱼眼泡状，加入 25g 白砂糖。
8. 打发至软性发泡，加入剩下的白砂糖，完全打发至可以拉出直角就可以了。
9. 为了让蛋白霜更细腻，抽出电动打蛋器之后，可以接着用手动打蛋器再打一会儿。
10. 蛋黄蛋白糊混合。先放一半蛋白到蛋黄糊中，搅拌均匀。
11. 再倒回至剩下的蛋白中，搅拌成统一颜色。
12. 倒入 6 寸模具，轻轻震几下，震出气泡，放入烤箱，170℃烤 40 分钟。烤好后取出，震几下，震出热气，倒扣放凉，用戚风脱模刀脱模。

025 可可戚风

可可戚风——一款集苦与甜于一体的奇妙蛋糕。做可可戚风有一个关键点要注意：可可粉比较容易消泡，所以在蛋黄蛋白混合的时候，动作要快一些。我有两个让戚风组织更柔软细腻的小秘诀：一个是蛋黄糊里加入低筋面粉的时候，把低筋面粉和可可粉都过筛两次（如有其他粉类，也全部过筛两次），尽量让粉类松散无结块；另一个就是蛋白用电动打蛋器打发完之后，换手动打蛋器再接着打一会儿，让蛋白更细腻。

准备材料

低筋面粉——70g　白砂糖——70g

可可粉——10g　色拉油——45ml

鸡蛋——3个　水——45ml

制作方法

1. 蛋清蛋黄分离。
2. 蛋黄打散，加入20g白砂糖，搅拌均匀。
3. 加入色拉油，搅拌均匀至乳化状态。
4. 加入水，搅拌均匀至表层有一层小细沫。
5. 低筋面粉和可可粉混合，先过一次筛，然后再过筛，加入蛋黄糊中，搅拌均匀至无干粉。过筛时要从20cm高处落下，这样能最大限度地裹入空气，蛋糕体才能松软。
6. 蛋白先用电动打蛋器打至鱼眼泡状，加入25g白砂糖。
7. 打发至软性发泡，加入剩下的白砂糖，完全打发至可以拉出直角就可以了。
8. 为了让蛋白霜更细腻，抽出电动打蛋器之后，可以接着用手动打蛋器再打一会儿。
9. 蛋黄蛋白糊混合。先放一半蛋白到蛋黄糊中，搅拌均匀。
10. 再倒回至剩下的蛋白中，搅拌成统一颜色。
11. 倒入6寸模具，轻轻震几下，震出气泡，放入烤箱，170℃烤40分钟。
12. 烤好后取出，震几下，倒扣放凉。
13. 用戚风脱模刀脱模。
14. 完成。

制作时间：40 分钟

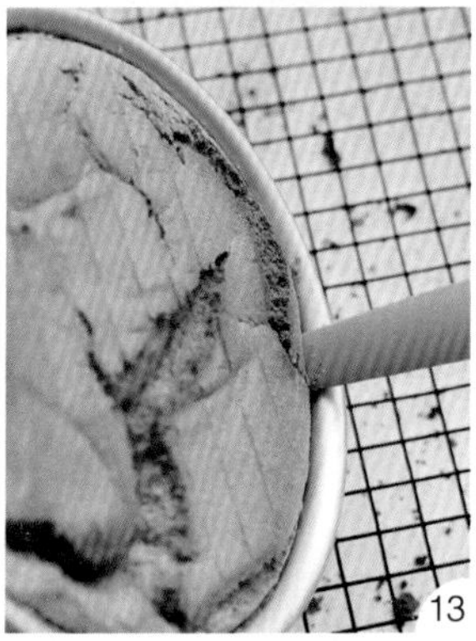

烘烤温度：170℃

026 香蕉巧克力戚风

香蕉和巧克力作为大冬天的绝杀，混杂在戚风里带来味觉的双重享受，这时候再来一杯热可可就更棒了！

我还是用的 3 蛋配方，刚好够这个 8 寸中空模的一半。如果要填满这个模具，可以用 5 蛋的配方，按比例换算过来就行了。香蕉一定要提前烤出水，不然烤出来会有很多大孔。巧克力豆可以用巧克力碎块代替。我一般常用的是 3 蛋的方子，也就是 6 寸圆模，关于其他大小模具，配方中的材料等量换算即可。8 寸圆模就是 6 蛋，8 寸中空 5 蛋，7 寸圆模 5 蛋，7 寸中空 4 蛋，诸如此类，可以自己换算。

一般我说的一个鸡蛋是指净重 50g 左右，连蛋壳在 60g 左右，柴鸡蛋或者其它鸡蛋大小不同，要略微增加或减少分量。

关于凹陷问题，一是蛋白霜打发不到位，没有完全打发到拉起有直角。

只要蛋白霜打发得到位，后面搅拌的时候也不会消泡，如果消泡了，就是蛋白打发的问题。二是可能烤好拿出来后就直接倒扣了。我的方法是取出烤箱之后，从 30cm 高的地方震下去，震几次震出热气，这样倒扣之后就不会回缩啦。

制作时间：40 分钟

烘烤温度：170℃

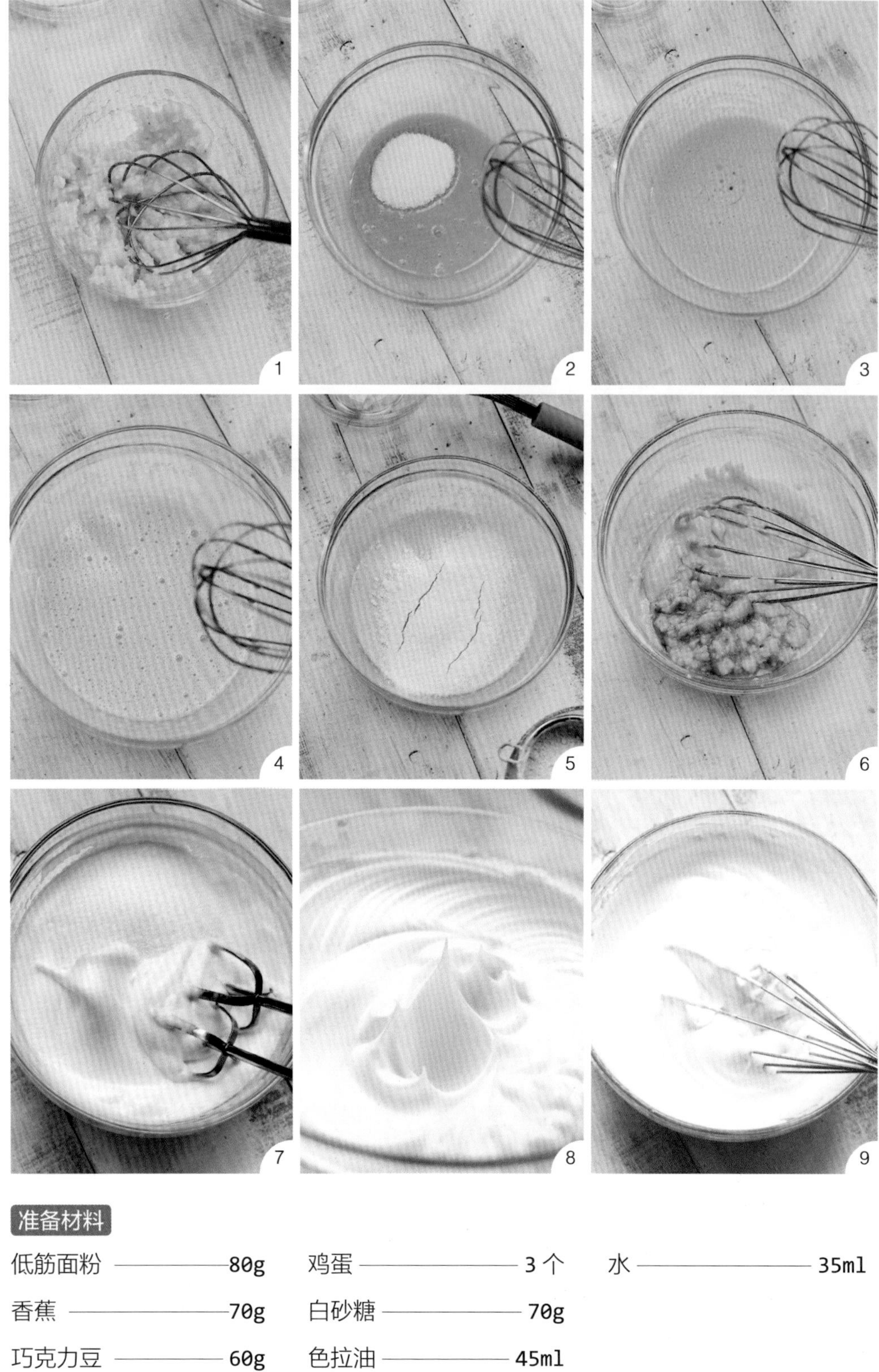

准备材料

低筋面粉	80g	鸡蛋	3个	水	35ml
香蕉	70g	白砂糖	70g		
巧克力豆	60g	色拉油	45ml		

制作方法

1. 香蕉碾成泥碾碎，放入烤箱，180℃烤 10 分钟，烤出水分。
2. 蛋清蛋黄分离。蛋黄打散，加入 20g 白砂糖，搅拌均匀。
3. 加入色拉油，搅拌均匀至乳化状态。
4. 加入水，搅拌均匀至表层有一层小细沫。
5. 低筋面粉先过一次筛，然后再过筛。加入蛋黄糊中，搅拌均匀至无干粉。过筛时要从 20cm 高处落下，这样能最大限度地裹入空气，蛋糕体才能松软。
6. 烤好的香蕉泥滤出水分，把颗粒加入蛋黄糊中，搅拌均匀。
7. 蛋白先用电动打蛋器打至有鱼眼泡状，加入 25g 白砂糖，打发至软性发泡。
8. 加入剩下的白砂糖，完全打发至可以拉出直角就可以了。
9. 为了让蛋白霜更细腻，抽出电动打蛋器之后，可以接着用手动打蛋器打一会儿。
10. 蛋黄蛋白糊混合。先放一半蛋白到蛋黄糊中，搅拌均匀。
11. 再倒至剩下的蛋白中，搅拌成统一颜色。
12. 最后加入巧克力豆，快速翻拌均匀。
13. 倒入 8 寸中空模具中，轻轻震几下，震出气泡。
14. 放入烤箱，170℃烤 40 分钟。
15. 烤好后取出，震几下，震出热气，倒扣放凉，用戚风脱模刀脱模。

027 黑胡椒戚风

据说戚风的由来还挺神秘，它的发明者整整保留了20年才公布做法，一经公布就风靡世界。在不知道吃什么的时候，我一般都会做戚风来吃。而在夏天，不想吃甜戚风的时候，一款易做的黑胡椒戚风就成为最好的选择。

准备材料

低筋面粉	80g	白砂糖	60g	盐	少许
黑胡椒粉	2g	色拉油	50ml		
鸡蛋	3个	热水	45ml		

制作时间：40 分钟

烘烤温度：170℃

制作方法

1. 蛋黄、蛋白分离，蛋黄打散，加入10g白砂糖，搅拌均匀。
2. 加入色拉油，搅拌均匀。加入热水，搅拌均匀。
3. 低筋面粉先过筛一次，再次过筛后，加入蛋黄液中。加入黑胡椒粉，搅拌均匀。要加盐的话，也是在这步加进去哦。
4. 将混合好的面团塑形。我塑的是长条形，你也可以做成其他任意形状。裹上保鲜膜，放入冰箱，冷冻半个小时。
5. 蛋白先用电动打蛋器打至有泡沫，加入 25g 白砂糖，打发至拉起打蛋器有柔软弯角。再加入剩下的白砂糖，打发至拉起打蛋器有坚挺弯角。
6. 混合蛋白、蛋黄。蛋白部分分两次加入蛋黄糊中，先加入一半蛋白搅拌，再加入剩下的蛋白，用打蛋器使用切拌的方式搅拌，直至看不见白色部分。
7. 倒入 6 寸模具中，震动几下至表面平顺。
8. 放入烤箱，170℃烤 40 分钟。烤好后取出模具，倒扣在蛋糕架上至完全冷却，用戚风脱模刀脱模。

素有“小人参”之称的胡萝卜，是一种质脆味美的家常蔬菜。胡萝卜富含糖类、胡萝卜素、维生素A、维生素B_1、维生素B_2、花青素、钙、铁等多种营养成分。胡萝卜的热量比较低，不会导致肥胖，日常的散步、逛街等，都可以把吃胡萝卜摄入的热量消耗掉。富含维生素的蔬果小戚风，方便“宝宝们”带去学校和办公室哦。把蔬菜、水果加进戚风里是很常用的方式，之前我加过百香果、青柠檬、蓝莓，这次加入胡萝卜泥，你也可以加入菠菜泥，把“小盆友们”不爱吃的蔬菜加进蛋糕里，小小的一个随吃随拿，超级方便。能提供烘焙用天然色素的蔬菜除了胡萝卜，还有菠菜、南瓜、甜菜根。红黄绿橙集齐了，做出来的成品颜值都超高。最主要的是健康！健康！健康！

028 胡萝卜戚风

准备材料

低筋面粉——80g
白砂糖——70g
胡萝卜泥——45g
色拉油——45ml
鸡蛋——3个

制作时间：40分钟
烘烤温度：170℃

制作方法

1. 蛋清、蛋黄分离。蛋黄打散，加入20g白砂糖，搅拌均匀。
2. 加入色拉油，搅拌均匀，打至如图所示的乳化状态。
3. 加入胡萝卜泥，搅拌均匀。低筋面粉先过一次筛，再过筛，加入蛋黄糊中，搅拌均匀至无干粉，呈现如图所示的黏稠状态。
4. 蛋白先用电动打蛋器打至鱼眼泡状，加入25g白砂糖，继续打发至软性发泡，加入剩下的白砂糖，完全打发至可以拉出直角就可以了。蛋黄蛋白糊混合时，先放一部分蛋白到蛋黄糊中，搅拌均匀，再加入剩下的蛋白，搅拌成统一颜色。
5. 倒入6连模具中，轻轻震几下，震出气泡。
6. 放入烤箱，170℃烤40分钟。

029 百香果戚风

百香果又名鸡蛋果，因其果汁具有番石榴、芒果、香蕉等多种水果的香气而得名。百香果果泥香味浓郁，味道丰美，富含维生素及有机酸，尤其拥有非常丰富的天然维他命C，集色、香、味于一身，用来做戚风，消暑开胃。《四川中药志》中记载其为消暑良品。百香果源自南美洲亚马逊河一带的热带雨林，曾被西班牙的探险家、传教士认为是《圣经》中提到的人类始祖亚当和夏娃所吃的“神秘果”，也因此被称为爱情果。而在美洲印第安人的传说中，百香果是白天的女儿，她承袭了父亲给予的热情阳光，脸上总是洋溢着灿烂笑容，她是森林和草地中最美的天使。

准备材料

低筋面粉 —— 80g
百香果 —— 2 个
鸡蛋 —— 3 个
白砂糖 —— 70g
色拉油 —— 45ml

制作时间：40 分钟
烘烤温度：170℃

制作方法

1. 用料理机将百香果打烂，籽可以吃，也可以不要。
2. 蛋清、蛋黄分离。蛋黄打散 ,加入 20g 白砂糖，搅拌均匀。加入色拉油，搅拌均匀。加入打烂的百香果泥，搅拌均匀。
3. 低筋面粉先过一次筛，再过筛，加入蛋黄糊中，搅拌均匀至无干粉。
4. 蛋白用电动打蛋器打至鱼眼泡状，加入 25g 白砂糖，继续打发至软性发泡，加入剩下的白砂糖，完全打发至可以拉出直角。
5. 蛋黄蛋白糊混合。先放一部分蛋白到蛋黄糊中，搅拌均匀，再加入剩下的蛋白，搅拌成统一颜色。
6. 倒入 6 寸模具中，轻轻震几下，震出气泡。放入烤箱，170℃烤 40 分钟取出，震几下，震出热气。脱模即可。

030　蓝莓戚风

蓝莓是一种可爱的小浆果，因果实呈蓝色，所以称为蓝莓。传说，早期乘船到北美洲的人，因长期缺少新鲜的水果、蔬菜，而患上了可怕的“败血症”。当地的印第安人，就给他们食用一种因果实底部有星星状的蒂而被称为“星星果”的蓝色浆果，终于治好了他们的病。那些人认为这是上帝赐予他们拯救生命的果实，于是叫它蓝莓。蓝莓果实中含有丰富的营养成分，具有防止脑神经老化、保护视力、强心、抗癌、软化血管、增强人体免疫力等功能，营养价值高。蓝莓在我国的栽培起步比较晚，历程坎坷，但现在基本已在国内普及，所以可以做蓝莓戚风了，它对“小盆友”和大人都很有益。我用新鲜蓝莓泥替代原配方中的水，烤制出的蓝莓戚风，营养健康，口感有粗粮的感觉。你们可以试一试，感觉又打开了新世界呢！

准备材料

低筋面粉 —— 80g
蓝莓泥 —— 40g
鸡蛋 —— 3个
白砂糖 —— 70g
色拉油 —— 45ml

制作时间：40分钟
烘烤温度：170℃

制作方法

1. 蛋清、蛋黄分离。蛋黄打散，加入20g白砂糖，搅拌均匀。
2. 加入色拉油，搅拌均匀。
3. 加入蓝莓泥，搅拌均匀。低筋面粉先过一次筛，再过筛，加入蛋黄糊中，搅拌均匀至无干粉。
4. 蛋白先用电动打蛋器打至鱼眼泡状，加入25g白砂糖，继续打发至软性发泡。
5. 加入剩下的白砂糖，完全打发至可以拉出直角。
6. 蛋黄蛋白糊混合。先放一半蛋白到蛋黄糊中，搅拌均匀，再加入剩下的蛋白，搅拌成统一颜色。倒入6寸模具中，轻轻震几下，震出气泡，放入烤箱，170℃烤40分钟。烤好后取出，震几下，震出热气，倒扣放凉，用戚风脱模刀脱模。

031　青柠檬戚风

这款青柠檬戚风，只是在原味戚风的方子里，加入了青柠檬碎，但整个戚风的口感和清爽度直接提升了好几度。青柠檬皮薄汁多，清香偏酸，口味相比黄柠檬更为浓烈，但是香味却较清淡。烤好的戚风撒上新鲜擦出来的青柠檬碎，即使戚风中没有加入柠檬汁，入口也十分轻盈。如果你是重口味人士，也可以把方子中的 5ml 水替换成 5ml 的青柠檬汁。

准备材料

低筋面粉	80g	白砂糖	70g
青柠檬	1 个	色拉油	45ml
鸡蛋	3 个	温水	45ml

制作时间：40 分钟

烘烤温度：170℃

制作方法

1. 蛋清、蛋黄分离。蛋黄打散，加入 20g 白砂糖，搅拌均匀。加入色拉油，搅拌均匀。加入温水，搅拌均匀。把青柠檬擦成碎，加入蛋黄液搅拌均匀。
2. 低筋面粉先过一次筛，再过筛，加入蛋黄液中，搅拌均匀，至无干粉。
3. 蛋白先用电动打蛋器打至有鱼眼泡状。加入 25g 白砂糖，继续打发至软性发泡，加入剩下的白砂糖，完全打发至可以拉出直角。蛋黄蛋白糊混合：先放一半蛋白到蛋黄糊中，搅拌均匀。再加入剩下的蛋白，搅拌成统一颜色。
4. 倒入 6 寸模具中，轻轻震几下，震出气泡。
5. 放入烤箱，170℃烤 40 分钟。烤好后取出，震几下，震出热气，倒扣放凉，用戚风脱模刀脱模。

032　芝麻双色戚风

单味单色的戚风做多了，今天来做一款进补的双色黑芝麻戚风。保留黑芝麻颗粒，让黑芝麻蛋糕层有一种粗粝的口感，而原味蛋糕部分细腻，一口下去，一粗一细的对比让黑芝麻的香气更明显了。戚风切面也很好看，像山峰也像奶牛。

黑芝麻含有大量的脂肪和蛋白质，还含有糖类、维生素 A、维生素 E、卵磷脂、钙、铁、铬等营养成分，有健胃、保肝、促进红细胞生长的作用；同时可以增加体内黑色素，利于头发生长。黑芝麻被公认的功效是可以减少白发，但很少有人知道黑芝麻的钙含量是高于牛奶和鸡蛋的，每百克黑芝麻中含钙接近 800 毫克，而每百克牛奶中钙含量才 200 毫克左右。黑芝麻药食两用，具有“补肝肾，滋五脏，益精血，润肠燥”等功效，被视为滋补圣品。除了最经典的黑芝麻糊，还可以尝试用黑芝麻来做蛋糕哦，只要打成碎粉就妥妥的了。

准备材料

低筋面粉 ——40g
热黑芝麻 ——40g
鸡蛋 ——3 个
白砂糖 ——70g
色拉油 ——45ml
水 ——45ml

 制作时间：40 分钟

烘烤温度：170℃

制作方法

1. 熟黑芝麻用料理机打碎，越碎越好，也可以保留一些颗粒，这样会让蛋糕体口感粗犷一些。
2. 蛋清、蛋黄分离。蛋黄打散，加入 20g 白砂糖，搅拌均匀。
3. 加入色拉油，搅拌均匀至乳化状态。
4. 加入水，搅拌均匀至表面有一层细密的泡沫。

5. 蛋白先用电动打蛋器打至鱼眼泡状，加入 25g 白砂糖。
6. 继续打发至软性发泡。
7. 加入剩下的白砂糖，完全打发至可以拉出直角。
8. 蛋黄糊均分成两份。
9. 低筋面粉和黑芝麻粉均分成两份，分别筛入蛋黄糊，搅拌均匀。
10. 蛋白糊均分成两份，分别加入面糊，搅拌均匀，倒入模具中。我是先倒原味部分，再倒黑芝麻部分，分层是自然形成的。轻轻震几下，震出大气泡，放入烤箱，170℃烤 40 分钟。烤好后取出，震几下，震出热气倒扣放凉，用戚风脱模刀脱模。

033 原味戚风卷

新手做蛋糕卷会遇到很多的问题，就算做戚风做得很熟练了，一换作蛋糕卷也会有些问题。我的戚风卷方子和戚风蛋糕方子差不多，只是减少了一些粉类的用量；制作方法也差不多，只是打发蛋白时不需要打发到完全直角，只要有大弯钩出现就可以了。

蛋糕卷制作的几个注意事项：

1. 烤制时不要频繁打开烤箱哦，有可能会引起回缩。

2. 烤制的时间要足够，如没有烤熟，卷的时候就容易断裂。

3. 脱模倒扣在油纸上后，可以铺上湿布保湿，以防蛋糕坯在卷的时候干裂。

4. 一定要等蛋糕坯冷却之后再铺奶油，卷起。

5. 冷藏后再切片。切片时用细锯齿刀，每切一次要蘸一下热水，以免奶油裹到蛋糕卷上。

准备材料

材料	用量	材料	用量
低筋面粉	70g	色拉油	45ml
鸡蛋	3 个	温水	45ml
白砂糖	70g	淡奶油	100ml

制作时间：20 分钟

烘烤温度：160℃

1

2

3

制作方法

1. 先做蛋黄糊部分。蛋黄、蛋白分离，温水加色拉油和白砂糖搅拌均匀。
2. 再加入蛋黄，搅拌至乳化状态。
3. 低筋面粉过两次筛，加入蛋黄糊中，搅拌均匀，如果有大颗粒，用刮刀按压。

4. 蛋白分两次加入白砂糖。
5. 用电动打蛋器打至可以拉出大弯角，不用打到完全直角。
6. 用制作戚风同样的方法混合蛋黄蛋白糊。
7. 倒入不粘烤盘中，震出大气泡，用刮刀刮平表面。
8. 送入烤箱，160℃烤 20 分钟，烤好之后取出倒扣在油纸上，放凉。
9. 这时候打发淡奶油。在完全冷却后的蛋糕坯上，抹上一层打发好的奶油，开端处多抹一些。
10. 提起油纸，从开端处开始卷，边卷边收紧油纸，让蛋糕卷更紧实。
11. 卷好后，送入冰箱冷藏半个小时，就可以切片了。

034 海绵蛋糕卷

吃过蛋糕卷的人都不会忘记蛋糕卷绵密的口感，犹如在云朵里飘浮。蛋糕卷质地非常轻，含大量水分和鸡蛋，因此质地非常湿润。蛋糕卷的制作同普通的圆模蛋糕制作有所不同，不需要打发得那么到位，烤制时间也要短很多。需要注意的是：烤完夹上奶油卷之后，需要冷藏定型，才能切片。切蛋糕卷用细齿刀，每切一刀需要过一遍热水，不然奶油会沾得卷上到处都是。这都是我血泪的教训啊。今天的方子，我使用的是普通黄金不粘烤盘，所以底部没有铺油纸。温奶油就是加热至体温的奶油，这样加进去搅拌的时候不容易消泡，如果是才从冰箱拿出来的奶油，加入蛋糊后很容易消泡。关于拌料，可以用刮刀抄拌，也可以用打蛋器搅拌。看过我戚风方子的人应该知道，我更喜欢用打蛋器，搅拌起来更细腻，也没有那么容易消泡。

准备材料

低筋面粉 ——— 70g
鸡蛋 ——— 3 个
白砂糖 ——— 60g
温奶油 ——— 30ml
温水 ——— 30ml

制作时间：10 分钟
烘烤温度：200℃

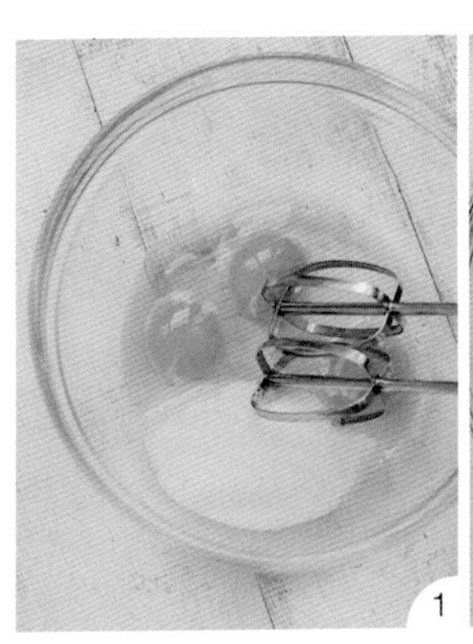
1

2

3

制作方法

1. 鸡蛋加入白砂糖打散。
2. 坐温水，等蛋液温度升到和体温差不多时，用电动打蛋器开高速打发，至抽起来的蛋液落下划 8 字不会消失。
3. 加入温水，用手动打蛋器快速搅拌均匀。

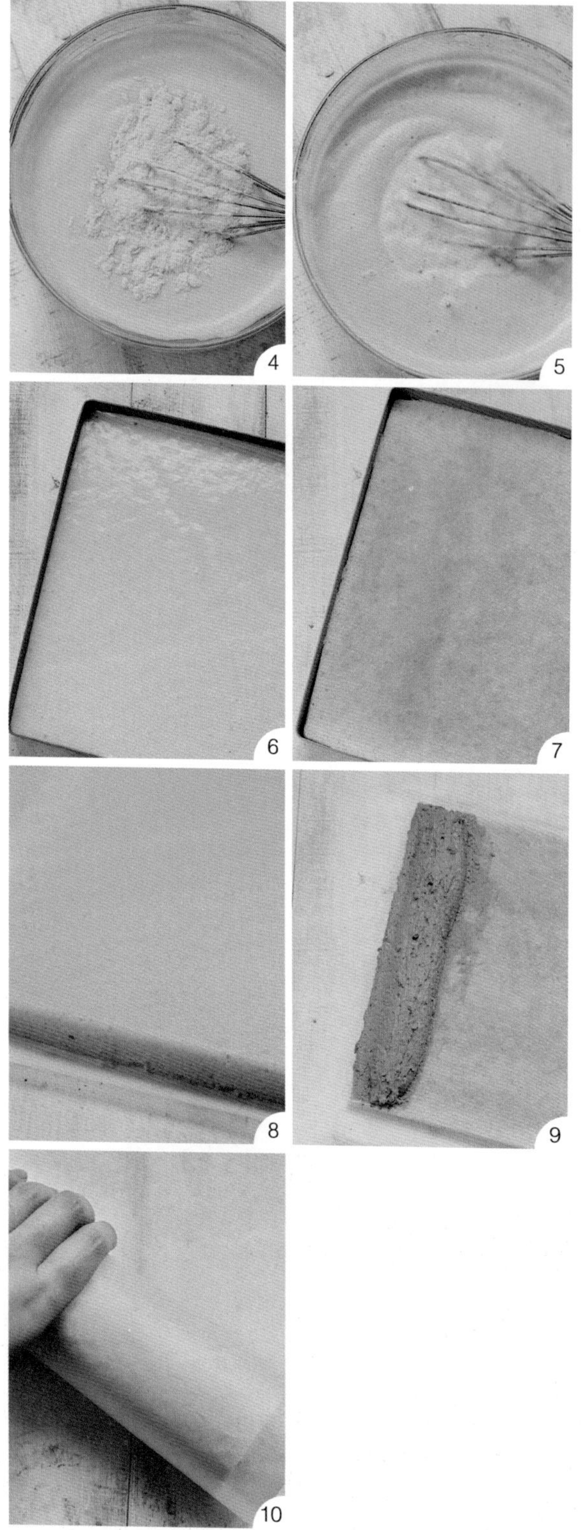

4. 低筋面粉过两次筛，加入蛋液中，快速搅拌均匀。
5. 继续加入温奶油，快速搅拌均匀。
6. 倒入不粘烤盘中，用刮板刮平，震出大气泡。
7. 送入烤箱，200℃烤 10 分钟。
8. 烤好之后取出倒扣在油纸上，放凉。
9. 完全冷却后的蛋糕坯，抹上一层奶油，开端处多抹一些，我用了之前剩下的咖啡奶油，喜欢什么奶油看你们自己哈。
10. 提起油纸，从开端处开始卷，边卷边收紧油纸，让蛋糕卷更紧实。卷好后，送入冰箱冷藏半小时，就可以切片了。

035 煤球戚风

加入竹炭粉的戚风坯子，中间挖上几个球，
看起来活脱脱一个大煤球呢，制作也很简单。

准备材料

低筋面粉	70g	白砂糖	70g
竹炭粉	10g	色拉油	45ml
鸡蛋	3 个	水	45ml

制作时间：40 分钟

烘烤温度：170℃

制作方法

1. 蛋清、蛋黄分离。蛋黄打散，加入 20g 白砂糖，搅拌均匀。
2. 加入色拉油，搅拌均匀至表层有一层小细沫。
3. 低筋面粉和竹炭粉混合，先过一次筛，然后再过筛，加入蛋黄糊中，搅拌均匀至无干粉。过筛时要从 20cm 高处落下，这样能最大限度地裹入空气，蛋糕体才能松软。
4. 蛋白先用电动打蛋器打至有鱼眼泡状，加入 25g 白砂糖。
5. 打发至软性发泡。加入剩下的白砂糖，完全打发至可以拉出直角就可以了。为了让蛋白霜更细腻，抽出电动打蛋器之后，可以接着用手动打蛋器再打一会儿。
6. 蛋黄蛋白糊混合，先放一半蛋白到蛋黄糊中，搅拌均匀。

7. 再倒回至剩下的蛋白中，搅拌成统一颜色。
8. 搅拌好的面糊有光泽。
9. 倒入 6 寸模具，轻轻震几下，震出气泡，放入烤箱，170℃烤 40 分钟。
10. 烤好后取出烤箱震几下，震出热气，倒扣放凉，用戚风脱模刀脱模。
11. 用挖洞工具或大吸管，从中间挖洞。
12. 完成。

Part 3

蛋糕类

② 经典蛋糕

036 三色玛德琳

玛德琳是法国风味的小甜点。大文豪普鲁斯特因对贝壳蛋糕念念不忘，写出了长篇文学巨著《追忆似水年华》，将贝壳蛋糕推上了历史舞台。时至今日，我们在享用玛德琳的时候，也许更多的是在品尝一份回忆和思念。玛德琳的保存和饼干一样，密封冷藏即可。

关于玛德琳的小故事是这样说的。贝壳蛋糕又名 *Madeleine commercy*，是法国的可梅尔西城 (*Commercy*) 一种家庭风味十足的小点心。1730 年，美食家波兰王雷古成斯基流亡到梅尔西城时，有一天他带的私人主厨竟然在出餐到甜点时溜掉不见了。这时有个女仆临时烤了她的拿手小点心送出去应急，没想到竟然很得雷古成斯基的欢心，于是就将女仆的名字 *Madeleines* 用在小点心的名字上，玛德琳娜 *Madeleines* 就是贝壳蛋糕的本名。

准备材料

低筋面粉	100g	鸡蛋	2个
黄油	100g	牛奶	1勺
红曲粉	4g	泡打粉	2g
糖粉	100g	抹茶粉	4g

制作时间：13 分钟

烘烤温度：185℃

制作方法

1. 鸡蛋加入过筛的糖粉，搅拌均匀至顺滑。
2. 加入牛奶，搅拌均匀。
3. 加入化开的黄油，搅拌至顺滑。
4. 低筋面粉和泡打粉混合过筛，加入蛋糊中，用手动打蛋器搅拌均匀。
5. 搅拌好的面糊分成三份，一份什么都不加，另两份分别筛入红曲粉和抹茶粉，搅拌均匀。
6. 分别把三份面糊装入裱花袋中，依次挤入玛德琳模具中。
7. 也可以斜着挤，顺序随意。
8. 送入烤箱，185℃烤 13 分钟，到有小肚子胀起来即可。

成功的玛德琳会有一个鼓起但是不破裂的小肚子，表层脆脆的，内里又很绵弹，形状圆满，因此有一个外号叫“最性感的小蛋糕”。它同时也是最文艺的蛋糕，在《追忆似水年华》这本书里，玛德琳成为一个唤醒记忆的元素，是一个媒介。玛德琳配着红茶，令人沉醉，令人心悸，也赋予了玛德琳蛋糕食物以外的涵义。

037　巧克力玛德琳

准备材料

低筋面粉 ———— 50g
巧克力 ———— 20g
可可粉 ———— 5g
鸡蛋 ———— 1 个
黄油 ———— 50g
糖粉 ———— 50g
泡打粉 ———— 1g
糖霜 ———— 少许

制作时间：12 分钟
烘烤温度：180℃

制作方法

1. 鸡蛋打散，加入过筛后的糖粉搅拌均匀。
2. 低筋面粉、泡打粉、可可粉混合过筛，加入蛋糊中，快速搅拌均匀。
3. 黄油与巧克力混合，隔水加热化开。
4. 黄油与巧克力的混合物加入面糊中，搅拌均匀，放入冰箱冷藏一个小时。
5. 把面糊装入裱花袋中，挤入玛德琳模具中。不用挤太满，七八分就好，不然玛德琳的小肚子会爆裂的。
6. 送入烤箱，180℃烤 12 分钟。出炉后，撒上糖霜享用。

038 花生酥粒蛋糕

酥酥酥的酥粒蛋糕来啦！配上香香的花生粒，口感介于面包和蛋糕之间，柔软蓬松，香酥可口。今天的方子里加入了肉桂粉，让秋天来得更浓郁些吧！酥粒蛋糕可以搭配的食材太多了，除了花生，秋季的各类水果也是很好的选择，据说夹了水果的酥粒蛋糕很好吃哦！蓝莓、李子、苹果等等都可以！如果你的搭配中有两到三样食材，那么酥粒面团能让蛋糕的风味层次最大限度地发挥出来，我觉得烘焙新手都会爱上的！无论是饼干、菠萝包、蛋糕、麦芬，统统可以加上酥粒，一秒变好吃！即使是很简单的方子，只要加上酥粒也可以变美味哦！

准备材料：酥粒

低筋面粉	90g	蛋液	18ml	盐	少许
黄油	40g	白砂糖	400g	泡打粉	2g

制作时间：50 分钟

烘烤温度：170℃

制作方法

1. 黄油软化，加入蛋液、白砂糖、盐，搅打均匀。
2. 低筋面粉与泡打粉混合，筛入黄油糊中。
3. 搓成块状面团。
4. 先铺一层油纸，加入 2/3 的块状面团到模具中，压实，剩下的面团最后才用。我用的是磅蛋糕模具。

准备材料：馅料

花生仁 —— 75g
白砂糖 —— 10g
淡奶油 —— 45ml
黄油 —— 5g
肉桂粉 —— 2g
玉米淀粉 —— 15g

5. 先打发淡奶油，之后加入肉桂粉、化开的黄油、玉米淀粉、白砂糖，搅拌均匀。
6. 花生仁切碎，提前用烤箱 160℃烤 10 分钟，再加入奶油混合物中，搅拌均匀。
7. 铺入模具中。
8. 最后把剩下的面团铺入模具中。送入烤箱，170℃烤 50 分钟。如果最后上色有点过，可以在上面铺一层锡纸。

039 恶魔蛋糕

名副其实的恶魔蛋糕，重油重糖重巧克力，好吃得罪恶。相比普通巧克力蛋糕，口感更为湿润。今天的方子里加入了肉桂粉，如果喜欢巧克力风味的话，可以把蛋糕体中的5g肉桂粉换成15g可可粉，糖霜中的5g肉桂粉换成10g可可粉，非常好吃。装饰完糖霜后我就折了一个做下午茶。把糖霜调成绿色，就是一盆多肉杯子蛋糕了。重油重糖的糖霜，最适合冬天配上一杯暖暖的热茶了。

准备材料：蛋糕体

低筋面粉	85g	鸡蛋	1个
巧克力豆	适量	白砂糖	60g
淡奶油	80ml	肉桂粉	5g
黄油	65g	泡打粉	3g

制作时间：30 分钟

烘烤温度：170℃

制作方法

1. 黄油室温软化，加入白砂糖，打发至变白变膨胀。
2. 分次加入蛋液，继续打发混合。
3. 低筋面粉、肉桂粉、泡打粉混合过筛，加入黄油糊中，用刮刀搅拌均匀。
4. 加入淡奶油，搅拌均匀。
5. 加入巧克力豆，继续搅拌均匀。
6. 这时候面糊比较黏稠，不用管它，分装入纸杯中，大概八分满即可。送入烤箱，170℃烤 30 分钟。

准备材料：糖霜

糖粉	100g	黄油	50g
巧克力	25g	肉桂粉	5g
淡奶油	10ml		

7. 现在来做糖霜。这是一款有沙沙口感的糖霜。黄油室温软化，筛入糖粉，用电动打蛋器先低速混合，再高速打发 3~4 分钟。
8. 筛入肉桂粉，继续打发 1 分钟。
9. 最后加入化开的巧克力和淡奶油，再打 2~3 分钟即可。
10. 打好的糖霜装入裱花袋，就可以挤在蛋糕体上做装饰了。
11. 裱花。

040 菠菜磅蛋糕

磅蛋糕又叫四分之一蛋糕，源于18世纪的英国。当时的磅蛋糕只有四样等量的材料：一磅糖、一磅面粉、一磅鸡蛋、一磅黄油，因为每样材料各占1/4而得名。磅蛋糕在蛋糕界的地位如同雪糕世界中的香草冰淇淋一样，是基础中的基础、经典中的经典、元老中的元老！

烤制出来的成品，内部组织扎实细腻，具有浓郁奶香，口感润泽。磅蛋糕最好吃的时间是在烤出来刷了糖水回温三天的时候，这时候的滋味那叫一个浓郁啊！今天的磅蛋糕加入了菠菜汁，烤出来的颜色给了我很大惊喜，吃起来更是一个绵润！

准备材料

低筋面粉	230g	糖粉	150g
菠菜汁	50ml	蛋液	170ml
黄油	170g	泡打粉	5g

制作时间：40 分钟

烘烤温度：170℃

制作方法

1. 黄油室温软化，分三次加入糖粉，每一次加入都要用电动打蛋器搅拌均匀。分多次加入蛋液，同样，每一次加入都要用电动打蛋器搅拌均匀。
2. 泡打粉与低筋面粉混合过筛，分两次加入，用打蛋器搅拌均匀。将菠菜汁倒入面糊中，搅拌均匀，呈现如图所示的状态。
3. 面糊倒入中等大小的磅蛋糕模具中，模具可先刷一层薄油。
4. 用刮刀把表面不平的地方刮均匀，震几下，震出大气泡。
5. 送入烤箱，170℃烤 40 分钟。
6. 烤制过程中，中间会自然地爆头，可以用牙签插入其中，检查是否烤好。

041　抹茶红豆麦芬

最适合新手的麦芬蛋糕来了！麦芬是西式糕点中最日常的一种，也是最适合新手做的蛋糕。它是一款重油蛋糕，通过使用泡打粉得到松软的糕体组织，不需要打发鸡蛋，只需要把原料按步骤加入，拌匀即可，对零基础新手来说操作简单可行。抹茶和红豆这对好搭档为麦芬添色不少。

红豆有健脾止泻、利水消肿之效，功能主治利水消肿、解毒排脓。抹茶含有丰富的营养成分和微量元素。微微清苦的抹茶，加上有嚼头的甜甜红豆粒，层次感立马就出来了。碧绿与深红又带来视觉上的极致享受，像坠入爱恋中，清苦又甜蜜。爱他就给他做这一款，抹茶与红豆的天作之合，寓意也很好呢。

准备材料

低筋面粉	150g	鸡蛋	3个
红豆	100g	糖粉	90g
抹茶粉	10g	泡打粉	4g
黄油	150g		

制作时间：20分钟

烘烤温度：170℃

制作方法

1. 黄油室温软化，加入糖粉，微微打发。
2. 分三次加入打散的蛋液，每次搅拌均匀后，再加入下一次的蛋液。
3. 低筋面粉、泡打粉、抹茶粉混合过筛，加入黄油糊中，用刮刀翻拌均匀。搅拌好的面糊如图所示，颜色均匀无干粉，比较浓稠。
4. 红豆先小火慢煮半小时，我想要保留一些颗粒感，所以没有煮得很烂。沥干水分，放入不粘锅，加油加糖，小火翻炒出香气，取出备用。
5. 6连模中放入油纸（也可直接用麦芬杯），先放一半抹茶糊，再放入一勺红豆馅，接着再放抹茶糊，这样就把红豆馅裹在中间啦。
6. 差不多装八分满就可以了，送入烤箱，170℃烤20分钟。

042 红枣枸杞麦芬

说到进补，必然会想起红枣。红枣的维生素含量非常高，有“天然维生素丸”的美誉，具有滋阴补阳、补血之功效。中国的草药书籍《本经》中记载：红枣味甘性温，归脾胃经，有补中益气、养血安神、缓和药性的功能。现代的药理学则发现红枣含有蛋白质、脂肪、糖类、有机酸、维生素A、维生素C、多种微量钙以及氨基酸等丰富的营养成分。骨质疏松的中老年人，容易发生贫血的女性，正在生长发育的青少年，都非常适合吃红枣。糖尿病人最好少些食用，因为含糖量太高。

今天这款绵润的红枣枸杞麦芬，改良了重油类蛋糕的配方，加入红枣水，让麦芬更湿润绵密，不仅能吃到红枣枸杞颗粒，香气也十分动人，与抹茶红豆麦芬是完全不同的口感。下午茶时搭配一杯暖暖的姜茶，可以驱走身体里的凉意。

准备材料

- 低筋面粉 ——160g
- 红枣和枸杞 ——120g
- 红枣水 ——80ml
- 黄油 ——100g
- 鸡蛋 ——2 个
- 白砂糖 ——80g
- 泡打粉 ——5g
- 盐 ——少许

烘烤温度：170℃

制作时间：20 分钟

制作方法

1. 黄油室温软化，加入白砂糖和盐，搅打至黄油变白，体积变大。
2. 分次加入蛋液，一定要等到上一次加入的蛋液完全融进黄油中再加下一次，否则有可能出现油水分离。
3. 低筋面粉和泡打粉混合，筛入蛋糊中，用刮刀翻拌至无干粉。
4. 红枣和枸杞用手撕碎，泡入热水中。红枣枸杞水加入面糊，搅拌均匀。
5. 加入已经泡软的红枣枸杞碎，搅拌均匀。
6. 面糊倒入模具或纸杯，八分满，在上面再撒一些红枣粒。送入烤箱，170℃烤 20 分钟。

043 蜂蜜蛋糕

蜂蜜是指蜜蜂采集花蜜，经自然发酵而成的黄白色黏稠液体。蜂蜜被誉为“大自然中最完美的营养食品”，古希腊人把蜜看作是“天赐的礼物”。中国从古代就开始人工养蜂采蜜。蜂蜜既是良药，又是上等饮料，可延年益寿。蜂蜜作为一种营养丰富的天然滋养食品，是由单糖类的葡萄糖和果糖构成，可以被人体直接吸收，不需要酶的分解；同时蜂蜜也是最常用的滋补品之一，辅助治疗咳嗽效果很好。如此好的滋补圣品与蛋糕结合，美味十足的蜂蜜蛋糕，是我人生中的第一口蛋糕。我还记得那些方方正正的一小块一小块的蜂蜜蛋糕，是童年放学时的最爱，不知道你是不是也是这样？

蜂蜜蛋糕的制作用到的是全蛋法，也就是海绵蛋糕体。同戚风的制作一样，打发鸡蛋是成功的关键。海绵的打发没有什么技巧，就是打发这一步需要比较长的时间——10–15 分钟，然后拌入粉类的时候注意消泡问题，基本就成功了。相比戚风蛋糕，全蛋法的海绵蛋糕口感确实会粗糙一些。

准备材料

低筋面粉	170g	蜂蜜	80ml
杏仁碎	少许	鸡蛋	4 个
黄油	65g	白砂糖	50g

制作时间：30 分钟

烘烤温度：170℃

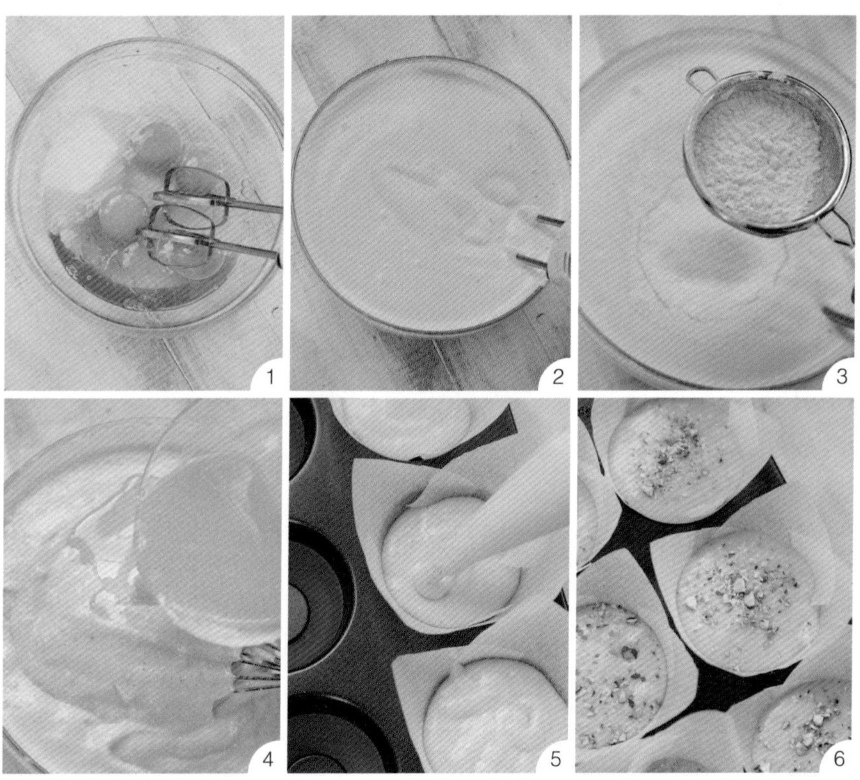

制作方法

1. 鸡蛋打散，加白砂糖和蜂蜜。
2. 用电动打蛋器先低速打至糖化，再高速搅打至呈乳白色，这个过程需要 10~15 分钟。
3. 筛入低筋面粉，快速翻拌均匀至无干粉。
4. 黄油隔水化开，加入面糊中，用手动打蛋器充分搅拌均匀。
5. 将蛋糕糊装入裱花袋，挤入纸杯中或 6 连模具中，八分满即可。
6. 在蛋糕表面撒少许杏仁碎作为装饰品，送入烤箱，170℃烤 30 分钟。

044 抹茶熔岩小蛋糕

一款有心机的小蛋糕。没掰开之前，你以为它就是一款普通的小蛋糕，掰开之后，热乎乎的抹茶流心馅，配上绵软的蛋糕体和烤脆的杏仁碎，口感层次巧妙，浓郁香醇。这么好看又好吃的小蛋糕难度竟然为零！还不跟着我学起来！无需鸡蛋打发，无需黄油打发，有的只是冻和搅，烘焙“小白们”的心头好啊！

1990年美国的某家餐厅厨房内，一位颇受欢迎的法国西点师正在烘烤店里做最畅销的巧克力蛋糕，门口第二张桌子的客人是幸福的一家五口。然而当西点师打开烤箱时，却发现今天的蛋糕半生不熟，这可怎么办？肯定不能端上去给客人，丢掉又实在可惜。西点师拿起巧克力蛋糕尝了尝，奇妙的事情发生了！这蛋糕内芯仿佛流动的巧克力酱般，出奇地好吃！从此这个世界上诞生了一道全新的法式甜点“熔岩巧克力蛋糕”，法语写作 *fondant au chocolat*，意为化开的巧克力。由于是道小型蛋糕甜品，在美国别名小蛋糕，在中国香港叫作心太软，在中国台湾又被称为爆浆巧克力蛋糕。

准备材料：馅料

抹茶	7g
糖粉	20g
玉米淀粉	7g
牛奶	100ml

准备材料：蛋糕体

低筋面粉	200g
牛奶	175ml
色拉油	40ml
白砂糖	75g
盐	少许
泡打粉	6g
杏仁	30g

烘烤温度：180℃

制作时间：35分钟

制作方法

1. 制作馅料。牛奶倒入锅里小火加热，其余粉类过筛加入牛奶中，搅拌均匀。
2. 冷却之后，分装倒入冰格，放入冰箱冷冻 4 小时，至外皮冻硬。
3. 制作蛋糕体。牛奶中加入色拉油，加入白砂糖，搅拌均匀。
4. 低筋面粉、泡打粉、盐混合过筛，加入牛奶糊中，搅拌均匀。
5. 用油纸折成小杯子，先加入部分蛋糕糊，然后把冻硬的抹茶馅放入其中。如图所示，抹茶馅塞入蛋糕糊中，然后再加入一部分蛋糕糊。
6. 杏仁切碎，撒在蛋糕糊上。送入烤箱，180℃烤 35 分钟。

045 黑森林蛋糕

说起奶油蛋糕，绝对不能错过的经典款就是黑森林了。黑森林蛋糕起源于德国西南部黑森林地区。每当樱桃丰收时，农妇们会将过剩的樱桃塞在蛋糕夹层里，打制蛋糕的鲜奶油时也会加入大量樱桃汁，还将樱桃作为装饰品点缀在蛋糕表面。制作蛋糕坯时，面糊中也加入樱桃汁和樱桃酒，这种以樱桃与鲜奶油为主的蛋糕从黑森林传到外地后，就成了闻名世界的“黑森林蛋糕”。黑森林蛋糕德文原意为“黑森林樱桃奶油蛋糕”，它完美地融合了樱桃的酸、奶油的甜、樱桃酒的醇香，经得起各种挑剔口味的考验。正宗的黑森林蛋糕中巧克力含量相对比较少，更为突出的是樱桃酒和奶油的味道。如果做给小孩子吃，可以用樱桃汁代替黑朗姆酒。

准备材料：戚风蛋糕

低筋面粉	70g	白砂糖	70g
可可粉	10g	色拉油	45ml
鸡蛋	3个	水	45ml

准备材料：内馅及顶饰

淡奶油	200ml	黑朗姆酒（或樱桃汁）	适量
白砂糖	20g	樱桃	适量
黑巧克力	50g	可可粉	适量

制作方法

1. 蛋清、蛋黄分离。
2. 蛋黄打散，加入20g白砂糖，搅拌均匀。
3. 加入色拉油，搅拌均匀至乳化状态。加入水，搅拌均匀至表层有一层小细沫。
4. 低筋面粉和可可粉混合，先过一次筛，然后再过筛，加入蛋黄糊中，搅拌均匀至无干粉，过筛时要从20cm高处落下，这样能最大限度地裹入空气，蛋糕体才能松软。
5. 蛋白先用电动打蛋器打至鱼眼泡状，加入25g白砂糖。
6. 打发至软性发泡。
7. 加入剩下的白砂糖，完全打发至可以拉出直角就可以了。
8. 为了让蛋白霜更细腻，抽出电动打蛋器之后，可以接着用手动打蛋器再打一会儿。
9. 蛋黄蛋白糊混合，先放一半蛋白到蛋黄糊中，搅拌均匀。
10. 再倒回剩下的蛋白中，搅拌成统一颜色。
11. 倒入6寸模具，轻轻震几下，震出气泡，送入烤箱，170℃烤40分钟。
12. 取出烤箱，震几下，倒扣放凉。翻正，用戚风脱模刀脱模。

制作时间：40分钟

烘烤温度：170℃

13. 可可戚风分层，分两层或三层都可以。
14. 用勺子放在黑巧克力表面，来回刮动，刮出巧克力屑。淡奶油加白砂糖打发到九分。
15. 用毛刷在最下面一层的可可戚风上刷黑朗姆酒。
16. 刷完朗姆酒之后涂上一层奶油，撒上切碎的樱桃或车厘子丁，再撒一层可可粉或巧克力屑。
17. 叠上第二层，再重复一遍上述动作。
18. 最上面一层用奶油抹平之后，用裱花嘴挤上一些奶油花。我一般会挤8朵，这样分蛋糕的时候也好分。
19. 蛋糕侧面抹上剩下的奶油，最后用刮刀在蛋糕侧面铺上巧克力屑，奶油花上放上樱桃或车厘子，中间部分撒上巧克力屑，就完成啦。

046 拿破仑

冬至吃草莓，这时的温度正适合做千层酥皮。千层酥皮用处很多，做起来不简单，基础做法学会了，就可以做各种酥类点心了。

我一般会多做一些放入冰箱冷藏，要用的时候拿出来擀开。“始信山中春不去，冬霜犹有草莓红。”不如做个草莓拿破仑吧，口感松软嫩滑。有一千层酥皮的拿破仑蛋糕，其实跟拿破仑没有半毛钱关系。因为起酥麻烦，所以不能常常吃到。没关系，今天学会了千层酥皮，做拿破仑就毫无压力了。

拿破仑蛋糕材料虽然简单，但是制作方法相当考验制作者的手艺：要将松软的酥皮夹上幼滑的吉士酱，同时又要保持酥皮干脆以免影响松软的口感。拿破仑的夹馅相当丰富，草莓、芒果、蓝莓、树莓、樱桃、朱古力碎、意大利芝士、蛋白糖等等都可以作为夹馅。好吃的甜点是不需要顾虑能量和脂肪的，吃得开心才最重要！

准备材料

低筋面粉	65g	白砂糖	2g
高筋面粉	65g	盐	2g
黄油	15g	水	65ml
裹入用黄油	80g	糖粉	少许
草莓	适量		

制作时间：15 分钟

烘烤温度：190℃

制作方法

1. 制作千层酥皮。黄油隔水加热化开，和除裹入用黄油外的所有材料混合成团。
2. 覆上保鲜膜，放入冰箱冷藏一个小时。
3. 把裹入用黄油用保鲜膜包好，擀成薄方片。
4. 拿出冷藏好的面团，擀成大圆片，放入擀好的黄油片。
5. 左右折好再上下折好。
6. 折好之后擀成长方形。

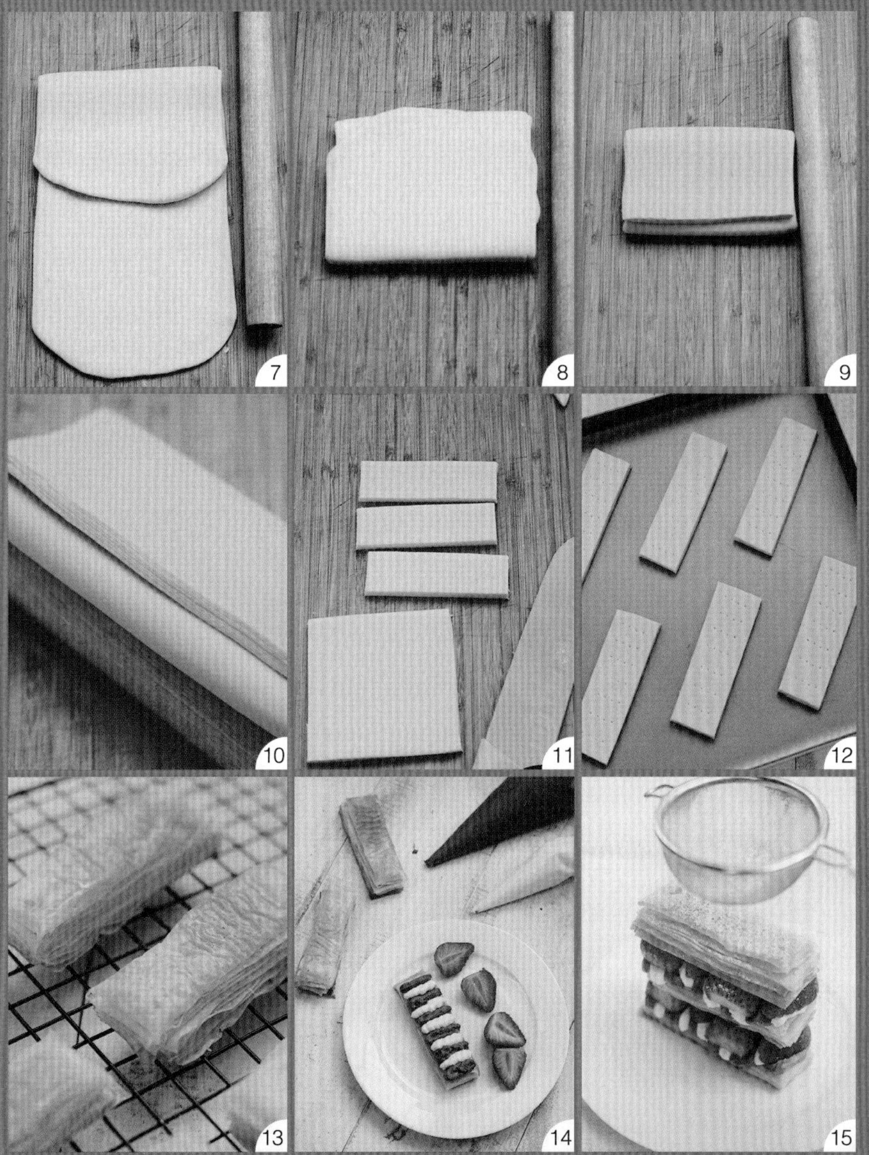

7. 由上往下，折三折。
8. 折好之后如图所示，裹上保鲜膜放入冰箱冷藏 15 分钟。
9. 再拿出来折三折。重复上述动作 3 次，重复的次数越多，酥皮的层数就越多。
10. 最后切去周围多余的料，千层酥皮就好了。不用的话裹上保鲜膜冷藏即可。
11. 擀成长方形，切成小长条。
12. 用叉子叉孔，铺入烤盘，上面用重物（烤盘之类的）压着烤，不然会散架哦。
13. 190℃烤 15 分钟，至表层上色即可。烤好的酥皮移至网架上冷却，待酥皮完全冷却后，就可以组装了。
14. 洗净的草莓切半或切粒。常用的吉士酱被我用两种口味的奶油代替啦。在底部酥皮上挤奶油、铺草莓。
15. 放酥皮再重复一次，组装完成后，撒上糖粉即可享用。

Part 4
面包类

说到面包，我的启蒙就是白吐司。吐司很基础，是因为它原料少，操作步骤简单。简单的白面包通过添加牛奶，调节黄油用量，或者丰富面粉种类来变得多样。

Part 4

面包类

① 吐司面包

047　黑胡椒咸味吐司

大部分人都更喜欢甜吐司，但其实咸吐司也别有一番滋味。加入了黑胡椒的吐司，本身就有一股淡淡的咸味，所以不用加太多盐。

准备材料

高筋面粉——280g
普通干酵母——5g
黄油——20g
黑胡椒碎——4g
白砂糖——10g
盐——8g
水——180ml

制作时间：20 分钟
烘烤温度：180℃

制作方法

1. 除黑胡椒碎外，其余材料混合揉匀。
2. 后油法揉至完全阶段。
3. 再加入黑胡椒碎。
4. 揉至手套膜阶段。吐司对面团的要求是出手套膜。

5. 揉好的面团收成球放进碗里，覆上保鲜膜，放进烤箱，用 30℃发酵 1 个小时，至两倍大，用手指戳洞不回缩。
6. 面团用手指按压排气，称重后分成 3 个大小均匀的小面团，覆上保鲜膜，静置 5 分钟。
7. 小面团擀成长条形。
8. 从一头开始卷起来，收口收紧成卷。
9. 卷好的吐司卷排入吐司模具，覆上保鲜膜，放进烤箱，用 30℃继续发酵 1 个小时。
10. 发酵好的吐司卷差不多到模具的八分满，放入烤箱进行烤制，用 180℃烤 20 分钟。

048 胡萝卜吐司

今天的方子里没有鸡蛋，总体来说是一款很健康的吐司。这款健康版本的吐司方子很适合健身和减脂的人食用。如果不是这两类人群，那么方子里的橄榄油是可以换成黄油或者其他色拉油的。橄榄油是由新鲜的油橄榄果实直接冷榨而成的，不经加热和化学处理，保留了天然的营养成分。橄榄油被认为是迄今所发现的油脂中最适合人体营养的油脂。今天这个橄榄油方子的吐司不会膨胀得特别高，但是特别好吃，有嚼劲，即使冷藏过后，口感还是很好很柔软哟！揉面和发酵是面包成功的两个关键点，发酵其实就是让面团内有 CO_2 气体产生，这些气体藏在面团内的各个组织里，一旦受热就会膨胀，撑起整个面团，使得面包变得膨大、松软。我们一般使用酵母发酵法，酵母是一种活性的生物，它会吃掉面团中的糖，吐出 CO_2 和酒精，让面包膨大起来。一般面团的发酵会经历：一次发酵、醒发和二次发酵这三个步骤。发酵的最佳温度是 26℃左右，夏天可以直接室温进行，冬天需要借助暖气或者烤箱，一发和二发成功的标志都是让面团发酵至原来的两倍大。

准备材料

高筋面粉——250g
胡萝卜——70g
干酵母——3g
橄榄油——20ml
白砂糖——15g
盐——3g
水——100ml

制作时间：30 分钟

烘烤温度：180℃

制作方法

1. 将除胡萝卜外的其他材料混合，揉至扩展阶段，加入打成丁的胡萝卜泥，继续揉面至手套膜阶段。
2. 把覆上保鲜膜的面团放进烤箱，用 30℃进行 1 个小时的发酵，发至两倍大，用手指戳洞不回缩。
3. 一发好的面团拿出来，称重后分成三个小面团，平均每个小面团 170g，小面团揉圆，覆上保鲜膜静置 5 分钟。
4. 用手关节按压小面团排气，过程中会出现很多小气泡。
5. 擀成长方形，从上往下卷起来，卷成三个小卷。把卷好的吐司卷排入模具里（模具尺寸是 19cm×10cm×5.5cm），覆上保鲜膜，送入烤箱，用 30℃继续发酵 1 个小时。
6. 发酵后表面可以刷蛋液，我做好的这个没刷，所以光泽度差点。发酵好的吐司卷送入烤箱，用 180℃烤 30 分钟。

049 葡萄干吐司

最适合冬天做面包的中种冷藏发酵法，又简单又方便，一点也不耽误时间，超级适合上班族。前一天晚上把中种团混合好，扔进冰箱，第二天回来直接混合主面团，当天晚上就能吃上新鲜出炉的面包了！发酵的方法有三种：一种是直接发酵，一种是中种发酵，还有一种是汤种发酵。直接发酵就是将所有材料混合成面团，在同一时间完成基本发酵（第一次发酵），接着完成面团的分割、滚圆、整形直至烘烤，这是制作面包最快速的方法。中种发酵就是将材料分成两部分，其中一部分先做成面团进行长时间发酵（常温下 3~4 小时，冷藏 17 小时以上、最多不能超过 72 小时），将发酵完的面团与剩余的材料混合搅拌成主面团，再发酵一小会，之后与普通面包步骤相同。汤种发酵就是利用淀粉糊化的原理与方式，让面团中的含水量增加，制作出来的面包呈现绵软的效果。这种面团需经过长时间的冷藏熟成直至水分完全吸收成干爽的面团，再与其他材料混合成面团。

准备材料

高筋面粉——80g
葡萄干——50g
奶粉——15g
黄油——8g
全蛋液——35ml
淡奶油——50ml
白砂糖——30g
盐——3g

制作时间：30 分钟

烘烤温度：180℃

1

2

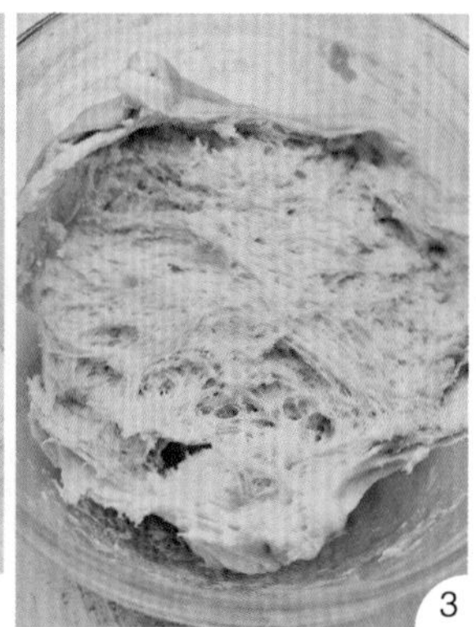
3

制作方法

1. 另外准备中种面团材料：高筋面粉 170g，干酵母 5g，牛奶 110ml。以上材料混合成团，揉至扩展阶段。
2. 覆上保鲜膜或者装入保鲜袋中，放入冰箱至少冷藏 17 小时。

3. 发酵好后的中种面团是原来大小的1.2~1.5倍，里面的组织如图，有些撕裂。
4. 与除黄油、葡萄干外的其他材料混合，揉至成团。
5. 加入黄油和切碎的葡萄干。
6. 揉至手套膜阶段。
7. 覆上保鲜膜，静置半小时。
8. 静置好的面团称重后分成均匀的三等份，静置5分钟。
9. 小面团按压排气。
10. 从上至下卷起来，收口。
11. 排入吐司模具中，进行第二次发酵。
12. 二次发酵完成后，在表面刷一些蛋液，送入烤箱，180℃烤30分钟。

050　菠菜吐司

把烫熟的菠菜用料理机打碎，揉入面团，就可以做一款营养又健康的面包了。它美丽的绿色让人胃口大开。菠菜就是最好的天然色素，完全不用吃外面那些加很多添加剂的面包呢。吃不完的菠菜吐司片做成三明治也很特别哦！很多“饭宝宝们”都遇到了一些问题，这里集中说一下，如果还有问题也可以继续来问我。

1. 用干酵母还是鲜酵母？一般情况下，家用还是选择干酵母比较方便。用量为高筋面粉重量的 1.5% ~2%，鲜酵母为 3%~4%。

2. 面团的发酵温度和时间。最佳发酵温度为 26℃左右，温度过高或过低都会影响面团的发酵和面包成品的品质。夏季温度高，可直接盖上一块湿布发酵；冬季温度低，需要将面团放入发酵缸或者使用烤箱的发酵功能。

3. 发酵温度不够或者发酵时间过长都会造成面包成品吃起来有酸味。

准备材料

高筋面粉	250g	白砂糖	15g
菠菜	适量	盐	3g
干酵母	3g	水	100ml
橄榄油	20ml		

制作方法

1. 菠菜洗干净，放入开水中烫熟，用料理机打碎，保留 70g 汁液和根茎。
2. 盐和酵母分开放两边。
3. 所有材料混合成团。
4. 面团揉出手套膜即可，也可用面包机揉面团。
5. 出膜的面团覆上保鲜膜，放进烤箱，用 30℃发酵 1 个小时左右，直至面团发酵到 2 倍大，用手指戳洞不回弹。
6. 面团称重后分成 3 个小面团，用手指按压排气，按成长条形。
7. 从一头把面团卷起来，收口收紧成卷。
8. 依次放入吐司模具中。
9. 覆上保鲜膜，放进烤箱，用 30℃发酵好的吐司卷差不多到模具的八分满，表面刷蛋液，送入烤箱，用 180℃烤 30 分钟。取出后覆上保鲜膜，静置半小时。

制作时间：30 分钟

烘烤温度：180℃

Part 4

面包类

② 法式小面包

051 黄金基础小餐包

软萌百搭，金黄可口，看见就忍不住要吃一个的基础小餐包上线了！入门级别，简单易学无添加，还可以自己创造美味。

有了基础小餐包，还有什么不能做的呢？自己动手，花式面包基本有了，自制汉堡包、自制水果面包、自制三明治……太多了！赶紧跟着我一起来做基础小餐包吧，最简单最家常也最有爱。

准备材料

高筋面粉	350g	糖粉	20g
黄油	20g	盐	4g
酵母	6g	水	120ml

制作时间：12 分钟

烘烤温度：180℃

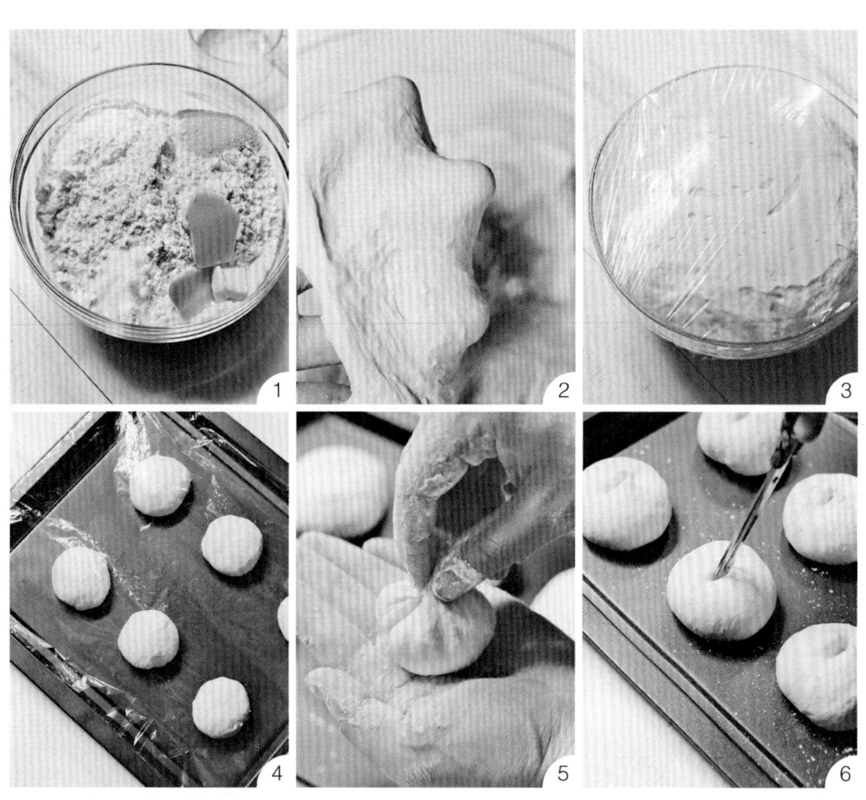

制作方法

1. 高筋面粉倒进大碗里，盐和酵母分别放在两边，放入糖粉和黄油，慢慢加水揉成团，水不一定全部用完，能成团即可。
2. 成团之后，开始用手揉面团至出筋，可以挤压，翻转，揉搓大约半小时，直至高筋面粉出筋，能拉出如图所示的手套膜。
3. 26℃环境下覆上保鲜膜，静置发酵 20 分钟。
4. 发酵好的面团，称重后按 35g 一个，分成若干个小面团，然后覆上保鲜膜进行 1 小时的发酵，发至小面团两倍大。
5. 取出小面团，用手按压成扁片，再旋转收口成圆团，收口处放在底部，覆上保鲜膜继续发酵，至原来的两倍大。
6. 发酵完成后，用剪刀在中间剪一个小口子，送入烤箱，180℃烤 12 分钟。

052　肉松小餐包

恰到好处的嚼劲使得小餐包作为软硬适中的佐餐包，可以与任意食物搭配。基础小餐包做过了，今天做的是一个夹馅版的升级版。我的小餐包方子算低油低脂了，糖和黄油不过20g，平均到每个小餐包上才1g多一点，非常健康，适合瘦身中的每一个人。如果不在乎脂肪热量这些东西，可以把水换成牛奶和淡奶油。这段时间“饭宝宝们”呼吁咸口，今天这个还算可以吧，恰到好处，搭配一杯热牛奶或咖啡就很棒。

加了肉松内馅的小餐包吃起来有淡淡的咸味，还可以在包肉松的时候加入适量沙拉酱，这样口感就比较平衡。当然了，内馅还可以换成红豆、麻薯、红薯、火腿、坚果、果干、豆腐乳、老干妈等等，可以随心所欲地发挥哦。

准备材料

高筋面粉 350g
肉松 80g
酵母 6g
糖粉 20g
黄油 20g
盐 4g
水 240ml

制作时间：12 分钟

烘烤温度：180℃

制作方法

1. 高筋面粉倒进大碗里，盐和酵母分别放在两边，放入糖粉和黄油，慢慢加水揉成团，水不一定全部用完，能成团即可。
2. 成团之后，开始手揉面团至出筋，可以用手挤压，翻转，揉搓面团，大约半小时，直至高粉出筋，能拉出如图所示的手套膜。常温下覆上保鲜膜静置发酵 20 分钟。
3. 拿出面团，按 35g 一个，分成小面团，大约可以分 16 个。覆上保鲜膜进行一小时的发酵，差不多面团发至两倍大。
4. 取出小面团，用手按压成扁片。
5. 在圆片中间部分包上肉松。再旋转收口成圆团，收口处放在底部。
6. 覆上保鲜膜继续发酵至原来的两倍大，发酵完成后，刷上蛋液，送入烤箱，180℃烤 12 分钟左右。

053　果脯小餐包

加入果脯的小餐包带来满嘴清新味，吃多了肉松、坚果的，来个果脯的换换口味吧。果脯要提前用朗姆酒或者牛奶泡软，葡萄干、蔓越莓干等等都可以。切碎泡入液体中，可以像我这样包在小餐包中间，也可以直接揉入面团中。今天的造型做了一些小改变，不再是圆圆的，做成了长条形，也很可爱。果脯中含有大量的果酸、矿物质及多种维生素，其中含量最多的是糖，转化糖占总糖量的 50% 以上，这种糖易为人体吸收利用。果脯具有增进食欲、强身健体、滋阴补虚等功效，老少皆宜。把果脯放在小餐包里，既美味又能补充营养哦。

准备材料

高筋面粉	350g	黄油	20g
果脯	80g	盐	4g
酵母	6g	水	240ml
糖粉	20g	牛奶	少许

制作时间：12 分钟

烘烤温度：180℃

1

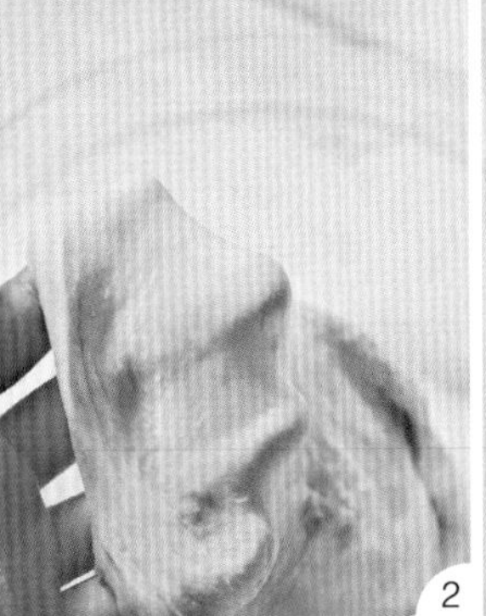
2

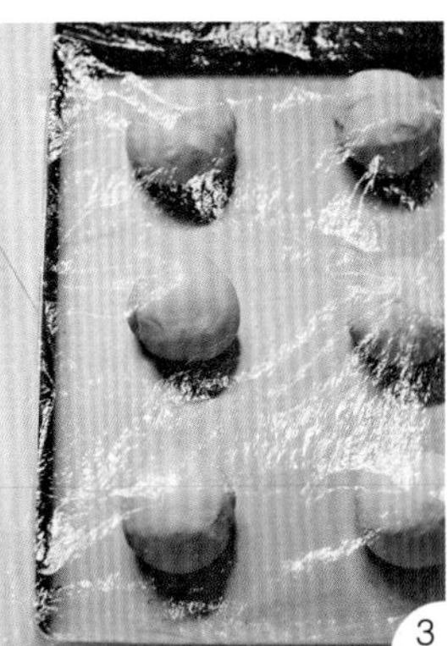
3

4

5

6

制作方法

1. 高筋面粉倒进大碗里，盐和酵母分别放在两边，放入糖粉和黄油，慢慢加水揉成团，水不一定全部用完，能成团即可。
2. 成团之后，开始用手揉面团至出筋，可以挤压，翻转，揉搓大约半小时，直至高筋面粉出筋，能拉出如图所示的手套膜。
3. 26℃环境下覆上保鲜膜静置发酵 20 分钟。拿出面团，称重后按 35g 一个，分成若干小面团。覆上保鲜膜进行 1 个小时的发酵，小面团发至两倍大。
4. 果脯切碎，用牛奶或朗姆酒泡软。
5. 取出小面团，用手按压成长条形，在顶部包上果脯。往下卷，两边和尾部分别收口，收口处放在底部。
6. 覆上保鲜膜，继续发酵至原来的两倍大。发酵完成后，刷上蛋液，送入烤箱，用 180℃烤 12 分钟左右。

Part 4

面包类

③ 健康面包

054　布鲁姆面包

布鲁姆面包——一款成功率超高的基础款欧包，材料简单得出奇，不含黄油不含糖分，百分之百地淳朴健康。作为老牌英式面包，光看材料并无期待，直到上手做了一次之后完全上瘾了，做一个吃三天，变着花样吃不腻。它麦香浓郁，口感扎实。在有了做面包的信心后，我常常做这款基础包，偶尔换换面粉，偶尔加入坚果，偶尔改变甜咸，一点随意的改动都能让这款基础包大展身手。把高筋面粉换成黑麦粉之后的浓郁口感让我欲罢不能，一口下去满满都是麦子的天然香气。说到做面包，很多人会胆怯，这款基础欧包不需要揉出筋，屡受打击的“宝宝们”可以试试哦！

准备材料

高筋面粉 ———— 500g
盐 ———— 10g
橄榄油 ———— 40ml
冷水 ———— 240ml
酵母 ———— 7g

1

2

制作时间：30 分钟
烘烤温度：220℃

制作方法

1. 盐和高筋面粉混合，中间挖一个洞，倒入酵母与冷水混合形成的酵母溶液，加入橄榄油，混合成团。
2. 能揉成团即可，如果太干就加点水，太湿就加点面粉，这时候的面团是粗糙的，如图所示的状态。然后开始揉面，大概揉半小时，至面团表面光滑即可。

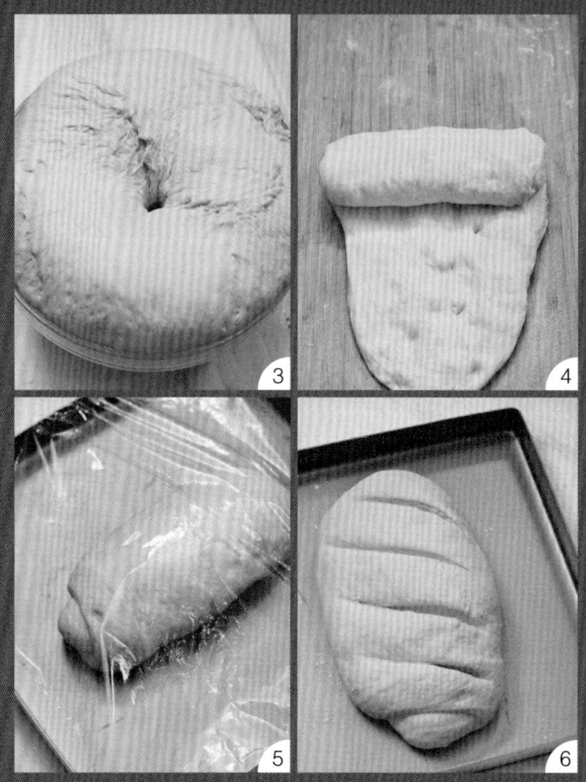

3. 盖上保鲜膜，26℃环境下发酵 1 个小时，用手指戳面团中间，形成的洞不会回弹。
4. 拿出面团，用手指按压面团排出气，然后把面团按成长条形，从上往下卷起来，收口处要收好。
5. 放入烤盘，盖上保鲜膜，进行二次发酵，时间大概为 1 小时，发酵至两倍大即可。
6. 揭开保鲜膜，在面包表层撒些面粉，用刀斜着割口，送入烤箱，用 220℃烤 30 分钟。

055 黑麦面包

加入了天然黑麦的面包不仅颜色上看起来更质朴，口感也是很田园，麦子的香气浓郁芬芳。

准备材料

全麦粉——20g
高筋面粉——120g
黑麦粉——60g
普通干酵母——3g
盐——3g
白砂糖——45g
水——120ml

制作时间：30 分钟

烘烤温度：200℃

制作方法

1. 将除盐之外的其他材料混合，揉到扩展阶段。
2. 加入盐。
3. 继续揉至完全阶段。
4. 面团收成圆球，放入碗中。

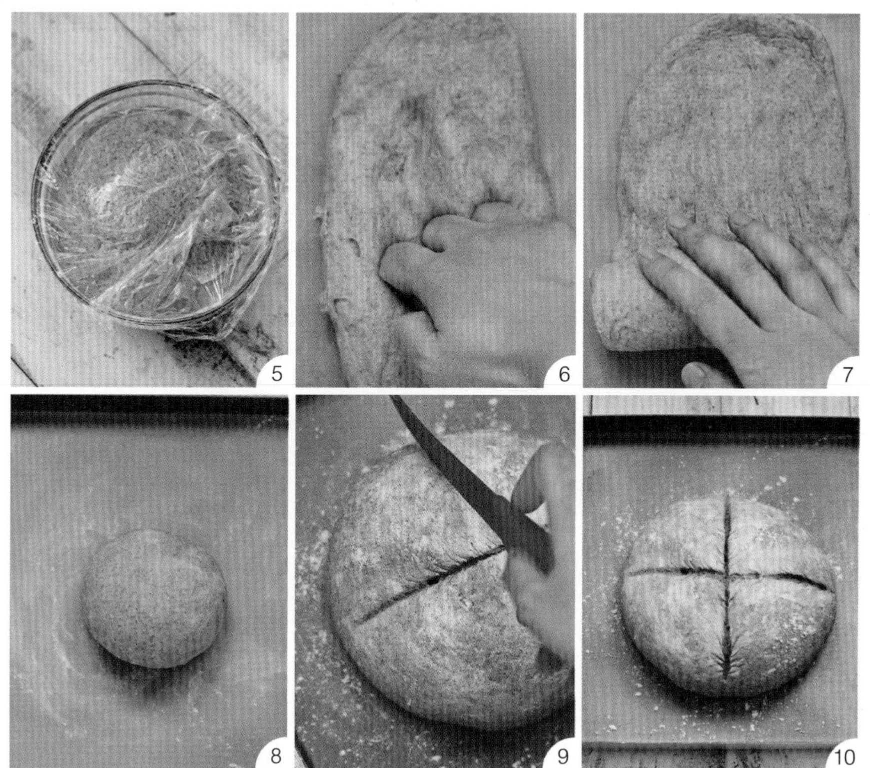

5. 覆上保鲜膜，放入 30℃烤箱发酵 1 个小时，至两倍大。
6. 取出面团，用手按压排气。
7. 从一端卷起，卷成一条，再从两端收口成一个圆球形。
8. 覆上保鲜膜，放入 30℃烤箱发酵 1 个小时，至两倍大。
9. 用细锯齿刀割口，割十字。
10. 撒上少许高筋面粉，送入烤箱，200℃烤 30 分钟。

056 全麦面包

选用了全麦面粉来打造更健康的面包，从主食入手，更容易改善饮食习惯。全麦偏粗糙，再加上没有加入任何油类，所以口感上更有韧性有嚼头，早餐时搭配水果蔬菜就很棒了。吃不完的全麦面包可以做三明治，或者切碎做成面包布丁。

准备材料

全麦面粉	150g	盐	3g
高筋面粉	100g	白砂糖	20g
酵母	3g	水	120ml

制作时间：30 分钟

烘烤温度：220℃

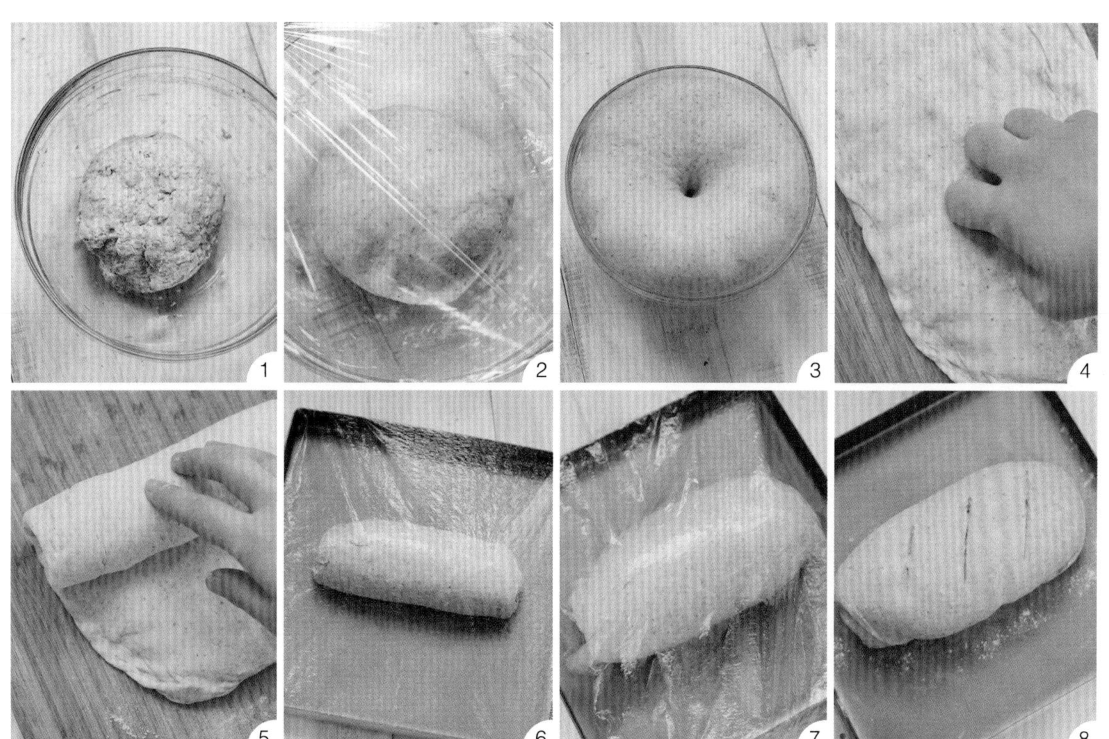

制作方法

1. 所有材料混合，揉出手套膜。
2. 覆上保鲜膜，温暖环境下发酵至两倍大。
3. 发酵好的状态，用手指在中间戳洞不会回缩。
4. 取出面团，用指关节按压排气。
5. 按压好的薄面皮，卷成一个卷，收口处收紧。
6. 覆上保鲜膜，发酵至两倍大。
7. 发好之后，保鲜膜上会有些许水汽。
8. 发好的面团上撒少许高筋面粉，用刀割出口子，送入烤箱（最好是带蒸汽功能的烤箱），220℃烤 30 分钟。烤的时候，如果上面颜色太深，可以盖一张油纸。

057 全麦南瓜卷

这款用金黄色的南瓜泥和全麦粉混搭出的面包卷非常柔软，在造型上花了一点小心思，是面包中的一股清流。这个方子也可以做成吐司。卷的时候可以包入内馅哦，肉松、培根、香葱、海苔、乳酪等等，千种搭配万种滋味。加入黄油会柔软一些，如果没有，口感上略硬，保存时间越久越硬。

准备材料

全麦粉	30g	黄油	20g
高筋面粉	220g	盐	3g
熟南瓜	120g	白砂糖	20g
普通干酵母	4g	水	60ml

制作时间：20 分钟

烘烤温度：180℃

1

2

3

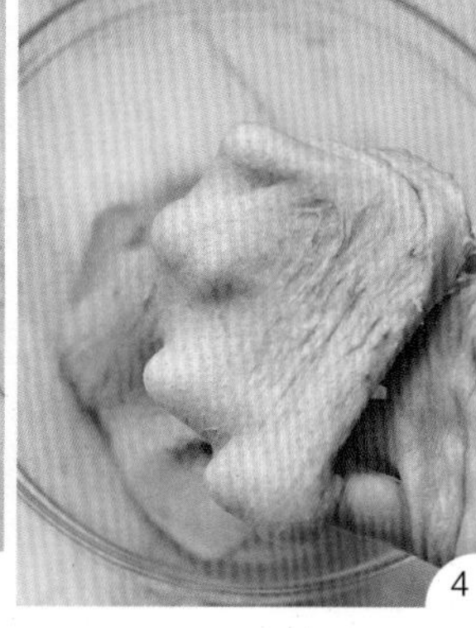
4

制作方法

1. 选择甜度高的南瓜，切块上锅蒸熟，叉子碾成泥。
2. 除盐和黄油之外的其他材料混合，揉成团。
3. 到扩展阶段，加入盐和黄油。
4. 揉至可以拉出薄膜，但不到手套膜的阶段。方子中的水不要一次加完，根据南瓜泥的状态，进行适量添加。

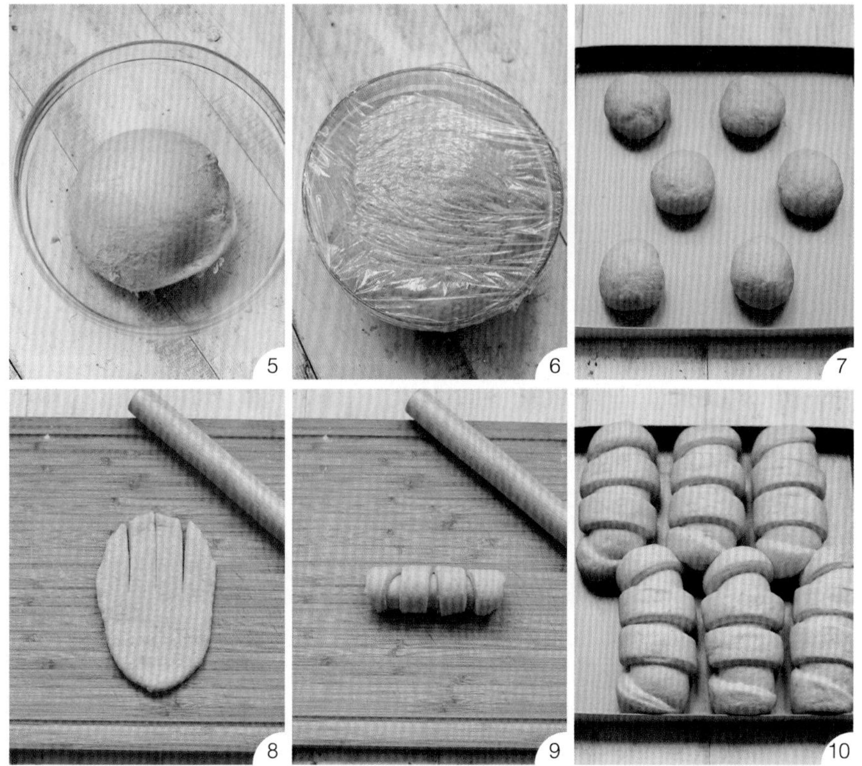

5. 和好的面团收成球放进碗里，覆上保鲜膜，放入烤箱，30℃发酵 1 个小时。
6. 至两倍大，用手指戳洞不回缩。
7. 用手指按压排气，称重后均分成 6 个小面团。覆上保鲜膜，静置 5 分钟。
8. 小面团擀成椭圆形，等分切成 4 条，如图所示，看起来像个手掌。
9. 从没切开的这端开始卷，如图所示，收口收紧。
10. 卷好的面包卷坯排入烤盘，覆上保鲜膜，送入烤箱，30℃继续发酵 1 个小时。然后进行烤制，180℃烤 20 分钟。

058 红豆面包

小时候吃的面包没有现在这么多口味和夹馅，吃的最多的就是这种红豆面包。这次采用中种发酵法制作，我觉得更接近以前的味道。冬天很适合用中种法做面包，省去了在面团旁守着发酵两次的烦恼。用这种方法做出来的面包会比直接发酵的面包来得柔软绵密，喜欢吃软面包的一定要试一试。不喜欢的就用直接法发酵即可，方子可任意选择。我做过的夹馅面包，把内馅换成红豆就行。

准备材料：中种面团

高筋面粉——160g　　普通干酵母——2g

蛋黄液——20ml　　水——80ml

制作时间：30 分钟

烘烤温度：180℃

1

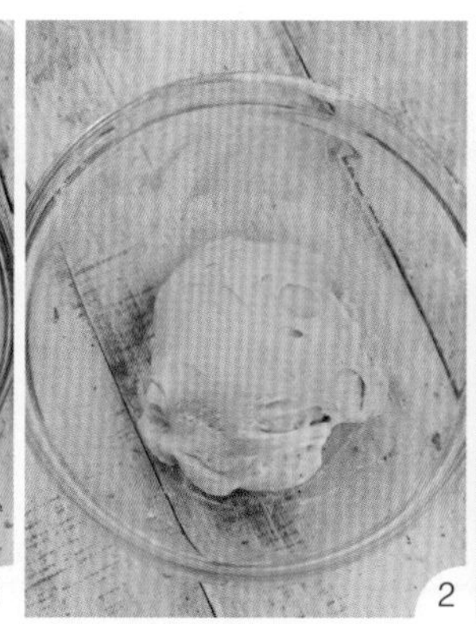

2

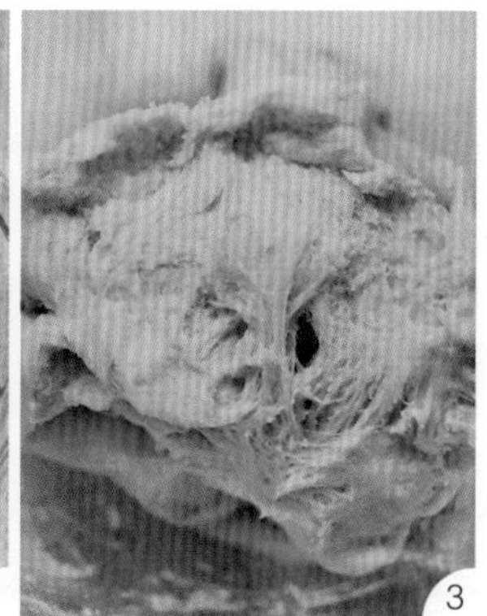

3

制作方法

1. 所有材料混合，揉至扩展阶段。
2. 冷藏发酵 17~24 小时，面团发至 1.2~1.5 倍即可。
3. 撕开内部，有如图所示的撕裂纹理。

准备材料：主面团

高筋面粉	40g	白砂糖	20g	红豆	50g
奶粉	10g	水	20ml	黄油	10g

4. 红豆需要提前一晚泡软，下锅煮开，捞出沥水备用。喜欢更香的口感，可以把红豆加上糖炒一下。
5. 把中种面团和主面团的所有材料混合，揉至完全阶段，红豆融入面团中。
6. 在 26℃的环境中发酵 1 个小时。
7. 发好的面团进行排气，称重后分成小面团，在 26℃的环境中发酵 1 个小时。
8. 在发好的小面团表层均匀刷一层蛋液，送入烤箱，用 180℃烤 30 分钟。

Part 4

面包类

④干果面包

059 蔓越莓乳酪面包

软绵绵的蔓越莓小面包，一口下去，浓郁乳酪顺滑入喉，好吃得停不下来；尤其是面包刚出炉的时候，乳酪还未凝固，可以一口气吃完两个。制作方法和其他面包差不多。包入乳酪后收口一定要紧，不然烤的时候乳酪会流出来。有“北美红宝石”之称的蔓越莓是一种生长在灌木上的鲜红小圆果。新鲜的蔓越莓直接食用味道很酸，所以多用来做配菜或制成干果、果汁、果酱等，口味独特，酸而微甜，清新爽口，还具有很好的美容和保健功效。

烘焙中用得最多的果干可能就属蔓越莓了吧，从饼干到面包，还可以做成沙拉。蔓越莓干和乳酪超级搭，面包和沙拉中都很常见，所以蔓越莓乳酪面包你还不试一试？

准备材料

高筋面粉——200g
蔓越莓干——80g
奶油奶酪——110g
黄油——15g
鸡蛋——1个
奶粉——25g
干酵母——3g
白砂糖——30g
盐——3g
牛奶——85ml

制作时间：20分钟

烘烤温度：180℃

制作方法

1. 除了黄油和盐之外的其他材料，一起揉到扩展阶段，加入软化的黄油和盐，继续揉至手套膜阶段。
2. 加入蔓越莓干（可以切碎也可以不切），揉匀。

3. 覆上保鲜膜，放进 30℃的烤箱发酵 1 个小时至面团两倍大。
4. 取出排气后，称重分成 5 小团，覆上保鲜膜静置 5 分钟。
5. 制作乳酪馅，奶油奶酪室温软化，加入白砂糖搅拌均匀即可，分成 5 小份。
6. 小面团擀开之后，包入乳酪馅。
7. 封口成长条形。
8. 覆上保鲜膜，放进 30℃的烤箱发酵 1 个小时至面团两倍大。发酵完成后，撒上高筋面粉，用刀割口，送入烤箱，180℃烤 20 分钟，上色满意即可盖上油纸，以防表层烤焦。

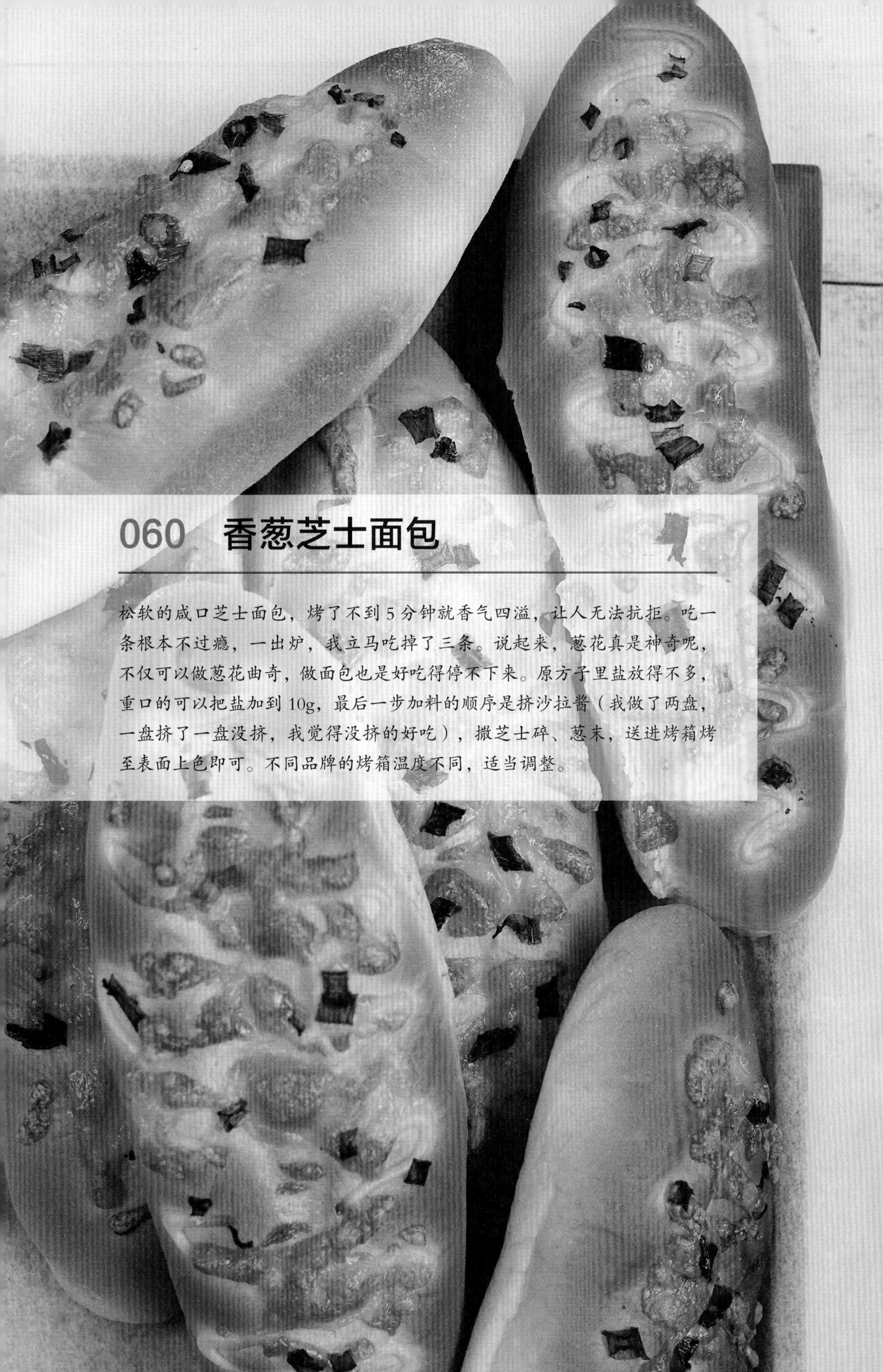

060 香葱芝士面包

松软的咸口芝士面包，烤了不到 5 分钟就香气四溢，让人无法抗拒。吃一条根本不过瘾，一出炉，我立马吃掉了三条。说起来，葱花真是神奇呢，不仅可以做葱花曲奇，做面包也是好吃得停不下来。原方子里盐放得不多，重口的可以把盐加到 10g，最后一步加料的顺序是挤沙拉酱（我做了两盘，一盘挤了一盘没挤，我觉得没挤的好吃），撒芝士碎、葱末，送进烤箱烤至表面上色即可。不同品牌的烤箱温度不同，适当调整。

准备材料

高筋面粉——280g
马苏里拉奶酪碎——120g
葱末——适量
黄油——30g
奶粉——15g
蛋液——20ml
干酵母——5g
白砂糖——40g
盐——3g
水——150ml

制作时间：20 分钟

烘烤温度：170℃

制作方法

1. 高筋面粉、奶粉、蛋液、干酵母、白砂糖、水混合，揉至扩展阶段，加入软化的黄油和盐。
2. 揉至手套膜阶段。
3. 覆上保鲜膜，放入烤箱，30℃发酵至两倍大，差不多 1 个小时。
4. 如图所示，用手指戳洞不会回弹。
5. 面团排气后称重，均分成 9 个小面团，覆上保鲜膜，静置 5 分钟。
6. 把小面团擀成椭圆形。
7. 从下往下卷起来，收口成小长条形。
8. 这是卷好的小长条。覆上保鲜膜，继续放进 30℃的烤箱，发酵至两倍大，差不多 1 个小时。
9. 发酵好的小长条变胖了。用刀子从中间割口，撒上马苏里拉奶酪碎和葱末。
10. 送入烤箱，170℃烤 20 分钟。

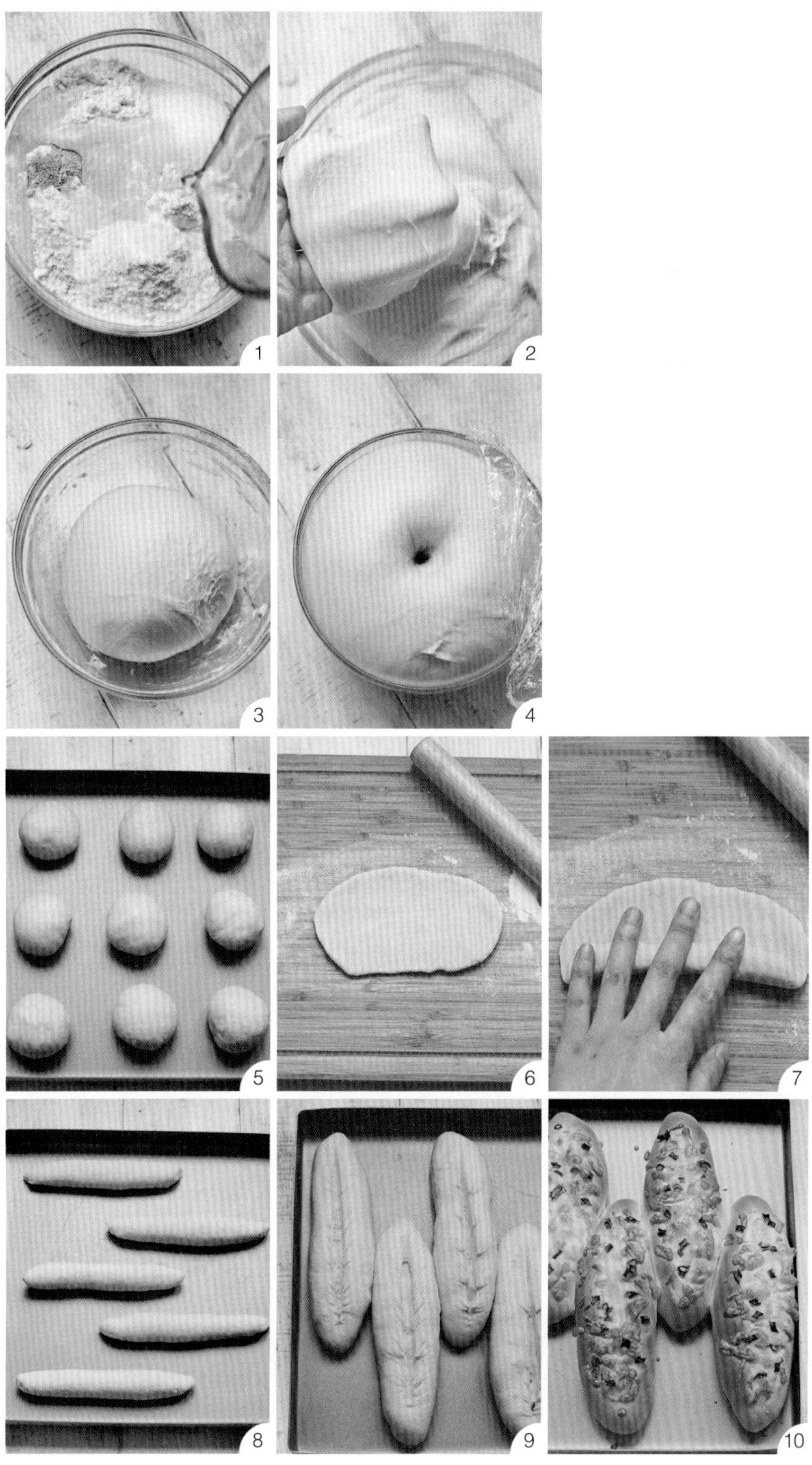
1
2
3
4
5
6
7
8
9
10

饭饭和他的
烘焙大师朋友

061　神父的拐杖

准备材料

蛋清——125g　杏仁粉——140g　手粉——适量

糖粉——70g　丹麦面皮——70g（1 根）　扁桃仁片——10g

制作方法

1. 将蛋清里加入糖粉，搅拌均匀后再加入杏仁粉，搅拌至无颗粒顺滑状的杏仁馅。
2. 在丹麦面皮表面均匀抹上杏仁馅。
3. 撒上扁桃仁片 10g，把粘扁桃仁片的面朝 下放轻轻压一下。
4. 将铺好杏仁片的丹麦皮切成均匀的长条状态。
5. 左手向上卷，右手向下卷，做好后粘扁桃仁片的面朝外，做成 30cm 的条状。
6. 将做好的条状半成品做成拐杖的样子 ,做好的拐杖上方中间的距每盘标准摆放 6 根。
7. 将烤盘放入丹麦发酵柜，温度 26℃，湿度 75%，共发酵 80 分钟。
8. 将发酵好的拐杖，放入风炉 175℃，共烘烤 16 分钟左右即可。

062　红豆沙面包卷

小时候面包房最常有的款式现在反而不多见了，好怀念呀！
自己炒的红豆沙香甜浓郁，颗粒感带来的美味是市售红豆沙不能比的。

准备材料

高筋面粉	250g	鸡蛋	1个	白砂糖	45g
红豆	适量	奶粉	10g	盐	4g
黄油	35g	普通干酵母	5g	水	100ml

制作时间：20分钟

烘烤温度：180℃

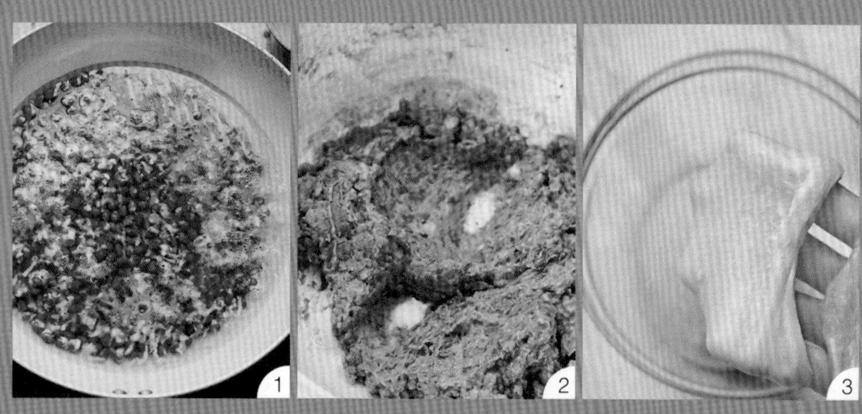

制作方法

1. 红豆需要提前一晚泡软，下锅煮开，捞出沥水备用。
2. 锅里下油，加红豆和适量白砂糖，炒成红豆沙，需要10多分钟时间。煮熟的红豆很好炒。
3. 后油法把面团揉至完全阶段，能拉出薄膜但不到手套膜阶段。

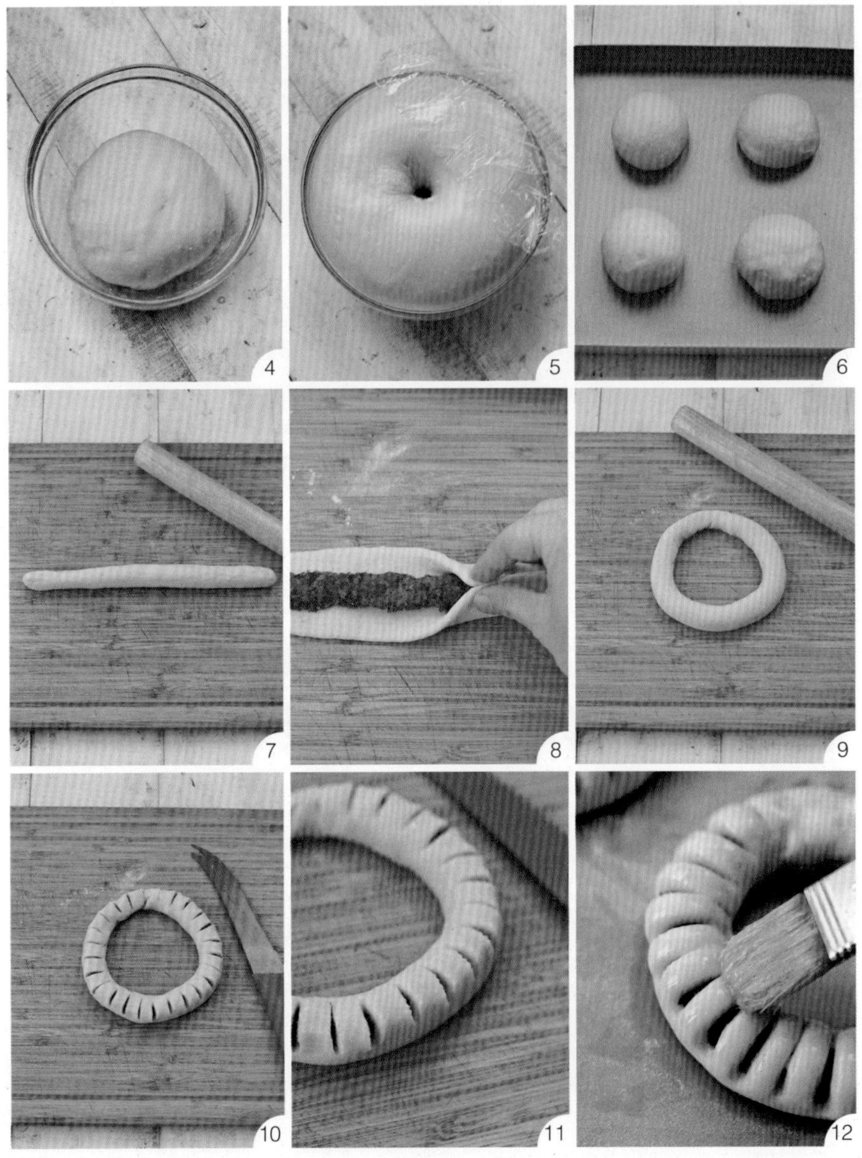

4. 收成圆球放入碗中，覆上保鲜膜，放入烤箱，30℃发酵 1 个小时，至两倍大。
5. 手指戳洞不会回缩。
6. 发酵好的面团排气，均分成 4 个小面团，静置 5 分钟。
7. 把小面团搓成细长条。
8. 稍稍擀平，中间部分码上红豆沙，从两边处收口，收成一个长条。
9. 拿起长条的两端，收紧成一个圆环状。
10. 用细锯齿刀每隔 1 厘米就割一刀。
11. 铺入烤箱，覆上保鲜膜，30℃发酵 1 个小时，至两倍大。
12. 表层刷一层蛋液，送入烤箱，180℃烤 20 分钟。

063 肉桂核桃辫子面包

每到冬天，就特别想赖在被窝里吃一顿热乎乎的早餐。香气逼人的肉桂卷面包是我的首选，光是闻着就忍不住要吃完一整个的肉桂花环包，更别说配着热咖啡和水果啦。今天的肉桂包里不仅肉桂多多，还加入了补充能量的核桃和红糖，各种香气一混合，烤的时候我已经忍不住了！一次性做上几个，就当作这周的早餐吧。肉桂面包是北美与北欧经常食用的一种面包，经常被拿来当早餐。在享用肉桂面包卷时，人们常常会淋上一层糖霜，以增加口感。这个面包最主要的配料就是肉桂粉，如果用其他粉类替换的话，就体会不到这种绝妙的风味了，所以还是建议大家用肉桂粉哟，不要将就。说起肉桂花环卷，大家可能有点陌生，但是《海鸥食堂》里的肉桂卷大家都很熟悉吧？一个热乎乎的面包，一杯暖人的咖啡，一群默契的人，怎么还会有烦恼？如果还有，那就再来一个肉桂花环卷吧！

准备材料

高筋面粉——380g
牛奶——250ml
黄油——30g
鸡蛋——1 个
酵母——8g
白砂糖——50g
盐——5g

制作时间：30 分钟
烘烤温度：190℃

制作方法

1. 牛奶加温至温热，加入白砂糖和酵母，搅拌均匀。
2. 高筋面粉、黄油、鸡蛋、盐与酵母溶液混合。
3. 混合揉成团。
4. 用面包机揉出手套膜。
5. 覆上保鲜膜，放置温暖环境下，发酵至原先的两倍大。

准备材料：内馅

红糖	45g	核桃	30g
黄油	40g	肉桂粉	10g

6. 制作内馅。黄油室温软化，混合其余材料，搅拌均匀。
7. 面团发酵好之后，取出用手按压排气，整形成一大块长方形。
8. 涂抹上一层内馅，如图所示卷起来。
9. 卷成长卷之后，切成 4 小段。
10. 每一小段从中间切开成两半，把两半螺旋缠绕在一起，然后再卷成一个小圆环，收口处捏紧。
11. 卷好的小花环卷，排在烤盘上，覆上保鲜膜，再发酵半小时。送入烤箱，190℃烤 30 分钟。

064 花环面包

圣诞树和圣诞花环是西方人过圣诞节必不可少的东西。圣诞花环多用冬青和槲寄生制作，有圆形的也有半月形的，点缀以松科一品红以及一些红色果实铃铛。圣诞花环有许多种做法，大小和选材都可以根据不同的需要来变化。按照圣诞节传统习俗，凡是站在槲寄生下面的女孩子，任何人都可以亲吻她。顽皮的男孩子常故意把女孩子引到槲寄生下面，理直气壮地亲吻她。这款花环面包灵感就来自于此，用或红或绿的丝带装饰，送给喜欢的TA，圣诞节也变情人节。据说在圣诞夜挂上这种花环，可以保护自己的儿女们在新的一年中不被妖魔伤害，也充满了节日的喜气。没做圣诞花环的你，不如做一个圣诞花环面包，欣赏完了自己吃掉，也不错，对吧？

准备材料

高筋面粉——260g
葡萄干——少许
蛋液——少许
牛奶——120ml
黄油——20g
鸡蛋——1个
干酵母——4g
白砂糖——30g
盐——3g
糖霜——少许

制作时间：20分钟

烘烤温度：180℃

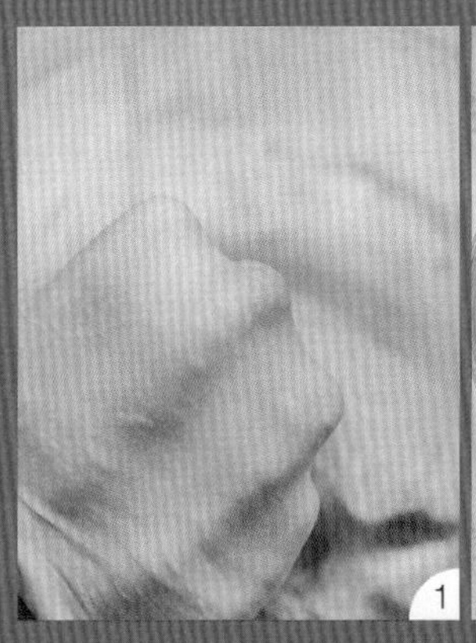
1

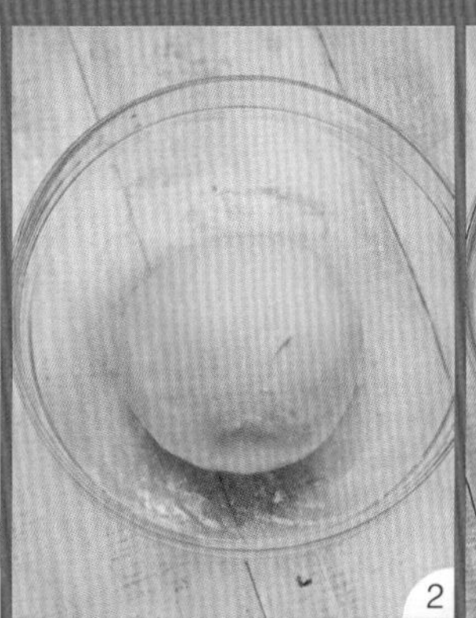
2

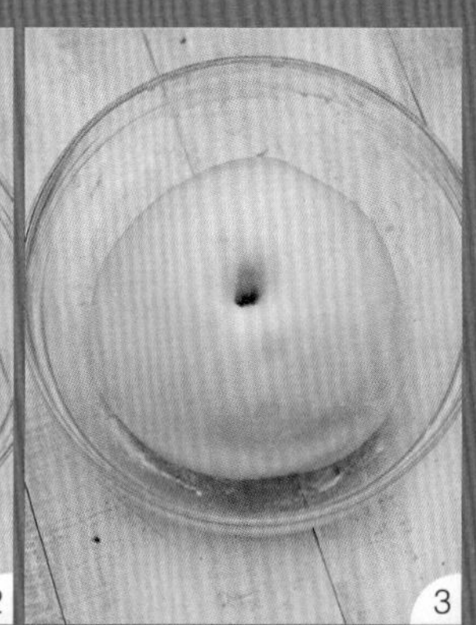
3

制作方法

1. 高筋面粉、牛奶、鸡蛋、干酵母、白砂糖和盐混合，揉至扩展阶段，加入黄油，继续揉至手套膜阶段。
2. 覆上保鲜膜，在30℃的烤箱中进行1个小时的发酵。
3. 面团发至两倍大。

4. 称重后，均分成 6 个小面团，覆上保鲜膜，静置 5 分钟。
5. 把小面团擀成长条形，从上至下卷起来。
6. 覆上保鲜膜，静置 5 分钟。
7. 慢慢地搓成 40cm 长的细长条，面团比较有韧性，可以搓一会儿，静置一会儿，再接着搓。
8. 把三根长条的一头捏在一起，开始编辫子。就是左右交叉，我觉得这个你们肯定都会。
9. 编完之后，把两头接起来，收紧。
10. 在辫子中间加上葡萄干，覆上保鲜膜，放进 30℃的烤箱进行 1 个小时的发酵，发至两倍大。
11. 在表面刷一层蛋液，送入烤箱，180℃烤 20 分钟。
12. 出炉冷却后撒少许糖霜，装饰上蝴蝶结和丝带就美美的了。

065 红糖红枣面包

寒冷的冬季尤其需要补充热量，补血养气的红糖红枣面包来了！红糖具有十分浓郁的香味和甜味，其含有的多种维他命和氨基酸对肌肤和健康都很好。加入红枣的红糖面包香味更是独具一格。说起来这款面包似乎更像点心一些，风味醇厚，一定要搭配茶来享用。

下面说一下大家问得比较多的问题：揉面。

制作吐司时，需要把面团揉到手套膜阶段；制作一般的甜面包时，只需要到完全阶段；制作比萨面团时，到扩展阶段就可以了。接下来再说揉面的手法。手揉多采用拉抻方式，揉拉揉拉，中间可以穿插按压、摔打等动作，面包机或料理机都是在模拟这套动作。

那么扩展阶段、完全阶段、手套膜阶段到底是怎样呢？面团中的所有材料混合成团之后，揉搓到面筋开始形成，这个阶段为扩展阶段。随着面团的继续揉搓面筋会完全形成，面团可以撑得很薄，这个时候就是完全阶段。手套膜阶段就是完全阶段的极致，可以把整张面团覆在手掌上，撑得很薄很薄且不会破。

准备材料

高筋面粉	250g	黄油	20g
红枣	70g	鸡蛋	1个
红糖	50g	干酵母	3g
牛奶	130ml	盐	3g

制作时间：30分钟

烘烤温度：200℃

制作方法

1. 红枣去核撕成小块，放入温水中泡软，沥干水分备用。
2. 将除红枣外的其他材料混合成团，揉至扩展阶段，加入红枣碎，揉至完全阶段。

3. 覆上保鲜膜，放置温暖处，发酵至两倍大。
4. 发酵好的状态如图，用手戳洞不会回弹。
5. 将发酵好的面团取出，用手指关节按压排气，擀成长条状。
6. 从上往下将面团卷起来，要卷紧哈，否则烤出来会有大孔。收口处捏紧。
7. 卷好的面团放置在烤盘上，覆上保鲜膜，进行二次发酵。
8. 发至两倍大后，用刀在顶部划出口子，放入烤箱，200℃烤 30 分钟。

Part 4

面包类

⑤ 夹馅面包

066 橄榄油夏巴塔

一款很有嚼劲的意大利面包，最大的特色就是组织中的大洞洞了。意大利语夏巴塔（*Ciabatta*）原意为“拖鞋”，意指拖鞋形状的面包。据说起源于意大利的托伦蒂诺，是颇受意大利人喜爱的面包，于上世纪90年代开始风靡欧洲和美国，被广泛地作为三明治面包食用。和普通面包不同，夏巴塔采用冷藏发酵法，做出来的面包内部组织松软，外形薄脆。意大利各地区的夏巴塔口感略有不同，而美国流行的夏巴塔面包质地更加疏松，面团水分含量更大。夏巴塔面包的变种也很多，有用全麦粉制作的 *ciabatta integrale*，有的添加橄榄油、食盐或者马郁兰，有些面团中会添加牛奶（*ciabatta al-latte*）。

准备材料

高筋面粉	410g	温牛奶	30ml
橄榄油	15ml	温水	110ml
干酵母	3g	盐	9g

制作时间：20 分钟

烘烤温度：220℃

制作方法

1. 1g 普通干酵母和 30ml 的 40℃温水混合。
2. 加入 135g 高筋面粉和 80ml 的 40℃温水，用刮刀搅拌 5 分钟左右。
3. 成为海绵状，覆上保鲜膜，在室温下发酵一夜，成为酵头。

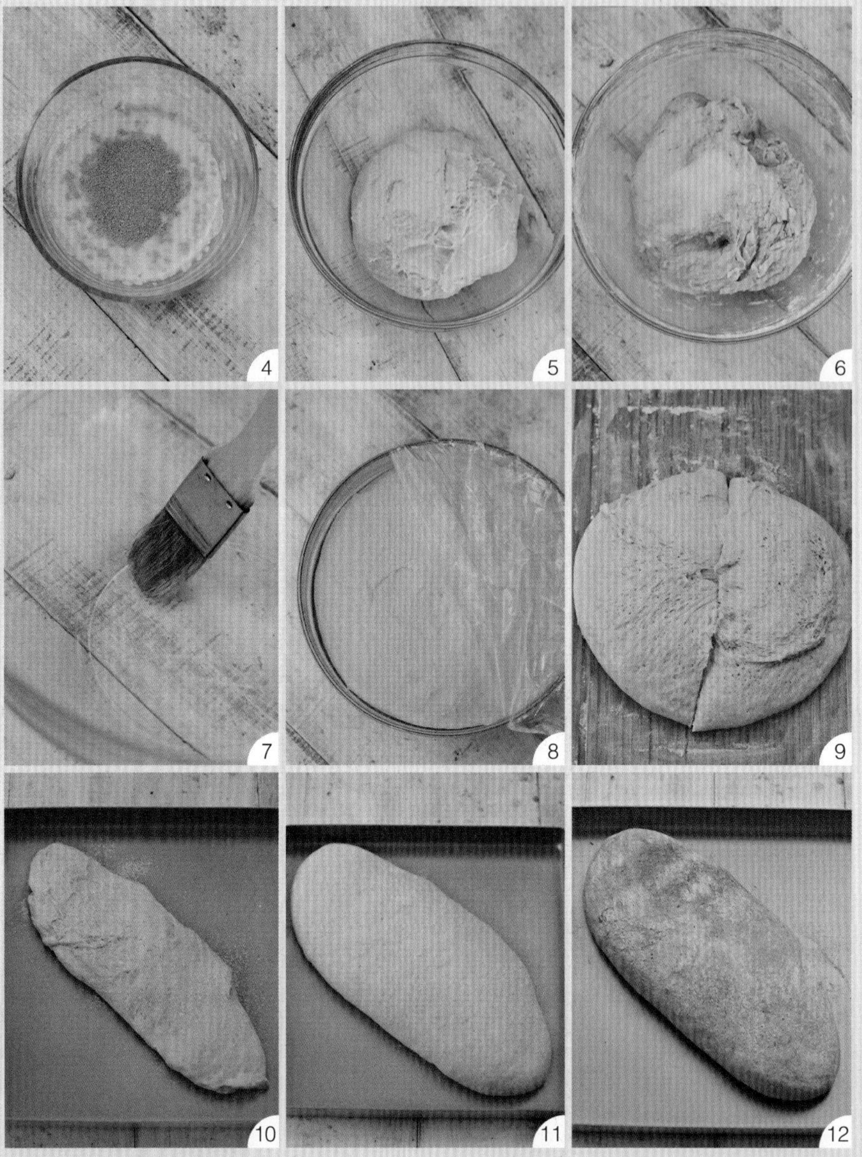

4. 2g 干酵母和 30ml 的 40℃温牛奶混合。
5. 除了盐之外的其他材料混合，慢慢搅拌，因为面团比较湿，可以用刮刀，揉至无干粉时。
6. 加入盐，揉成光滑有弹性的面团。这个过程大约 15 分钟。
7. 取一个干净的大碗，里层刷上橄榄油。
8. 放入湿面团，覆上保鲜膜，放入 30℃的烤箱发酵一个半小时。
9. 在案板上撒上干粉，轻轻地把发酵好的面团移至案板上，不要排气，轻轻把面团分割成两部分。
10. 轻轻地把分割好的面团移至烤盘上，塑形成条状，在表层撒上干粉。
11. 30℃放入烤箱，发酵 1 个小时。
12. 发酵好的面团，送入烤箱，220℃烤 20 分钟。

067 椰蓉泡浆面包

一款拥有两种口感的面包，表层是脆香的面包，底层是椰浆，浓郁的口感像布丁的泡浆部分，出炉时弹性十足。为了让面包成功伪装成布丁，采用了中种冷藏法来制作面团。椰蓉泡浆面包最后烤的时候，要倒入椰浆把面团泡住，这样面团在浸泡中被烤熟，底部就会湿湿的。椰浆经过烘烤脱去水分，面包底部吸收了椰浆的面包部分，湿润浓香，烤制时香气漂浮，吃起来又像椰汁布丁。制作时可以使用方形模具，不一定要6连模哈！

准备材料：中种面团

高筋面粉 —— 30g
牛奶 —— 25ml
普通干酵母 —— 2.5g

制作时间：25~30 分钟
烘烤温度：180℃

准备材料：主面团

高筋面粉 —— 200g
椰浆 —— 25ml
牛奶 —— 110ml
椰蓉 —— 适量
黄油 —— 15g
白砂糖 —— 10g
盐 —— 3g

制作方法

1. 将中种面团材料全部混合，揉至扩展阶段，和成团，覆上保鲜膜，放入冰箱冷藏 17~24 个小时，等面团发至 1.2~1.5 倍即可。
2. 发好的面团内部组织如图。
3. 主面团材料的高筋面粉、牛奶和白砂糖与中种面团混合，揉至扩展阶段。
4. 加入黄油和盐，揉至手套膜阶段。
5. 覆上保鲜膜，放入烤箱，30℃发酵 1 个小时至两倍大。
6. 用手指戳洞不会回弹。
7. 发酵好的面团排气称重，均分成 6 个小面团。这次用了做蛋糕的 6 连模，做小面包也刚好。覆上保鲜膜，放入烤箱，30℃发酵 1 个小时。
8. 发好的小面团。
9. 淋上椰浆，表面要淋到，周围缝隙也要淋进去，这样烤出来才会有布丁层。
10. 最后表面撒上椰蓉，送入烤箱，180℃烤 25~30 分钟。

1
2
3
4
5
6
7
8
9
10

068 咖喱面包

咖喱控不可错过的元气咖喱面包！裹满面包屑的脆香外壳，一口下去却是香糯松软，满口是回味无穷的咖喱，对于咖喱控和面包控来说真是大满足！

咖喱面包据说是由执爱咖喱和面包的日本人首创，他们把两者结合到一起。咖喱面包一般是油炸的。我今天做了两个版本：烤箱版，烤的时候内里微微流出咖喱汁，看着就咽口水；油炸版，听着油炸的声音就欢欣鼓舞。那么你猜到底是烤的好吃还是油炸的好吃呢？

准备材料

高筋面粉	300g	胡萝卜丁	适量
咖喱粉	10g	蜂蜜	20ml
面包屑	适量	干酵母	6g
鸡蛋	1 个	白砂糖	45g
牛奶	160ml	盐	5g
土豆丁	适量		

制作时间：15 分钟

烘烤温度：180℃

制作方法

1. 除鸡蛋和面包屑外的其他材料混合成团，揉到完全阶段。
2. 覆上保鲜膜，放入 30℃烤箱内发酵 1 个小时，用手指戳洞不会回弹。
3. 发酵好的面团称重后均分成 6 个小面团，覆上保鲜膜，静置 15 分钟。
4. 期间我们来熬咖喱内馅：胡萝卜丁和土豆丁下油炒熟，因为要包进面包，所以切小一点。加咖喱块和水煮到浓稠，煮干一点，不然面包包不住，烤的时候会炸裂。
5. 静置好的小面团擀薄，包入咖喱馅，收口要收紧。
6. 做成三角形。

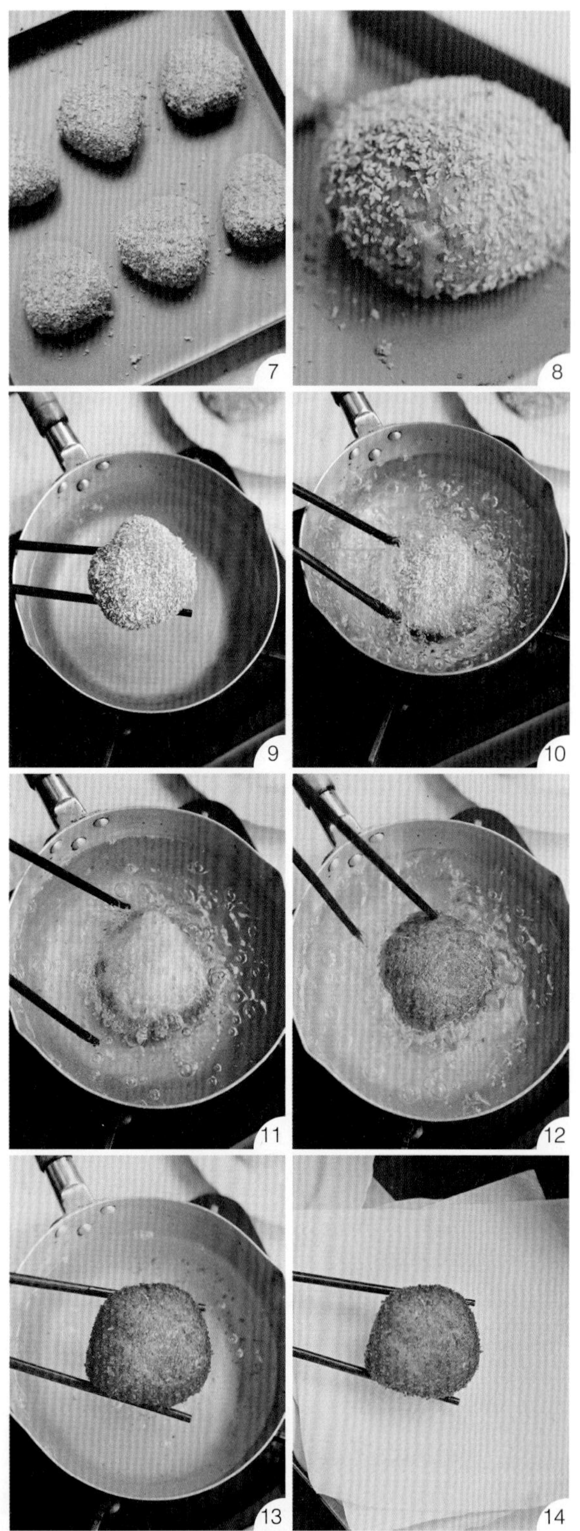

7. 包好的咖喱包裹上一层蛋液，放入面包屑中滚一圈，排入烤盘。
8. 放入 30℃烤箱第二次发酵 20 分钟，不用完全发酵，否则烤制时会炸裂。发酵好的咖喱包送入烤箱，180℃烤 15 分钟。

9~14.

油炸版的做法，前面的步骤都一样，只是把最后的烘烤改成油炸。先把油烧热，放入筷子，如果筷子周围有很多细密的小泡，那就可以下锅炸了。一定要小火慢炸哦，不然面包里面炸不透。至颜色变深，捞出放在吸油纸上吸干油即可。

069 白薯黑芝麻面包

白薯和黑芝麻的正确打开方式就是全都扔进面包里。白薯也可以用红薯、紫薯替换，颜色会更漂亮，需要注意的是薯类蒸熟后会含有较多水分。制作面团时，水要一点一点加，以防面团太湿。

薯类富含蛋白质、淀粉、纤维素、果胶及多种矿物质，有“长寿食品”之誉，特别是能刺激消化液分泌及肠胃蠕动。明代李时珍《本草纲目》记有“甘薯补虚，健脾开胃，强肾阴”，并说“海中之人食之长寿”。

黑芝麻含有大量的脂肪和蛋白质，有健胃、保肝、促进红细胞生长的作用；同时可以增加体内黑色素，有利于头发生长。

准备材料

高筋面粉	250g	普通干酵母	5g
白薯	200g	白砂糖	20g
熟黑芝麻	20g	盐	3g
黄油	20g	水	120ml

制作时间：30 分钟

烘烤温度：170℃

制作方法

1. 白薯切块，上锅蒸熟。
2. 除黄油、盐和白薯块之外的其他材料混合，先揉至扩展阶段，再加入黄油和盐。
3. 揉一会儿之后，再加入白薯块，揉至完全阶段。因为白薯蒸熟后会带有比较多的水分，如果面团偏湿，则需要加入少量面粉中和。白薯块会在揉面过程中变成泥状，和面团粘在一起。
4. 揉好的面团放进烤箱，30℃发酵 1 个小时。
5. 组织如图。
6. 发酵好的面团用手指按压排气，均分成两个面团，覆上保鲜膜，静置 5 分钟。
7. 把面团擀成薄圆片。
8. 卷成条状，收口处收紧。
9. 放入烤盘中，覆上保鲜膜，放进烤箱，30℃发酵 1 个小时。
10. 发至两倍大即可。发酵好的面团上，筛一些面粉，用刀斜割口子，送入烤箱，170℃烤 30 分钟。

1
2
3
4
5
6
7
8
9
10

070 丹麦牛角包

经典的丹麦起酥面包无人不爱。理想的牛角包是外焦里嫩的，每一层入口即化，黄油味重但又不腻人。出炉后的牛角包在整体上呈现均匀的金褐色，拿在手里很轻盈，表皮酥脆，切面组织完美。用冷藏法做牛角包时，常会遇到漏油的情况，今天的冷冻法很好地解决了漏油的问题，不需要每次折完后都去冷藏，可以一气呵成。

相传牛角包起源于奥地利维也纳的一家饼店，为了纪念某次战斗胜利，面包师傅们把面包做成了近似于奥斯曼帝国旗帜的标志——号角的形状。

准备材料

高筋面粉	250g	干酵母	5g
牛奶	25ml	白砂糖	20g
奶粉	5g	盐	4g
鸡蛋	半个	水	100ml
黄油	125g		

制作时间：20 分钟

烘烤温度：200℃

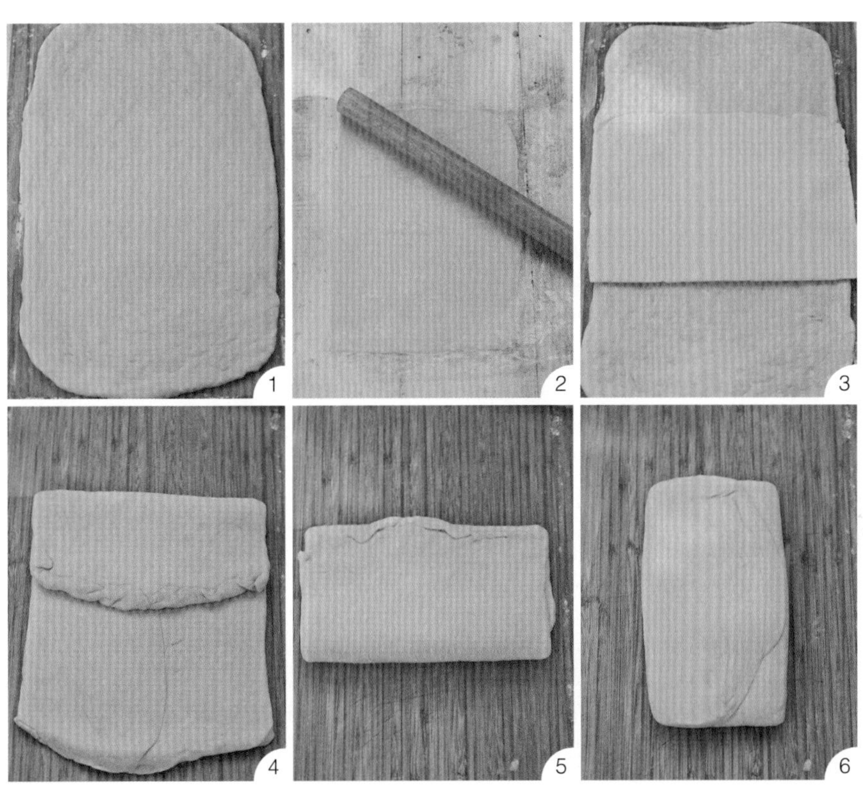

制作方法

1. 将除黄油、鸡蛋以外的其他材料混合，用后油法把面团揉至手套膜阶段，擀成薄皮放在长案板上，案板多大就擀多大，放入冰箱冷冻一晚。
2. 准备一块 125g 的黄油，裹入保鲜膜内擀成面团的 1/3 大。
3. 面团取出解冻，把擀好的黄油放入面团中间。

4~7. 上下折起，把黄油包住，然后把面团擀成长方形。

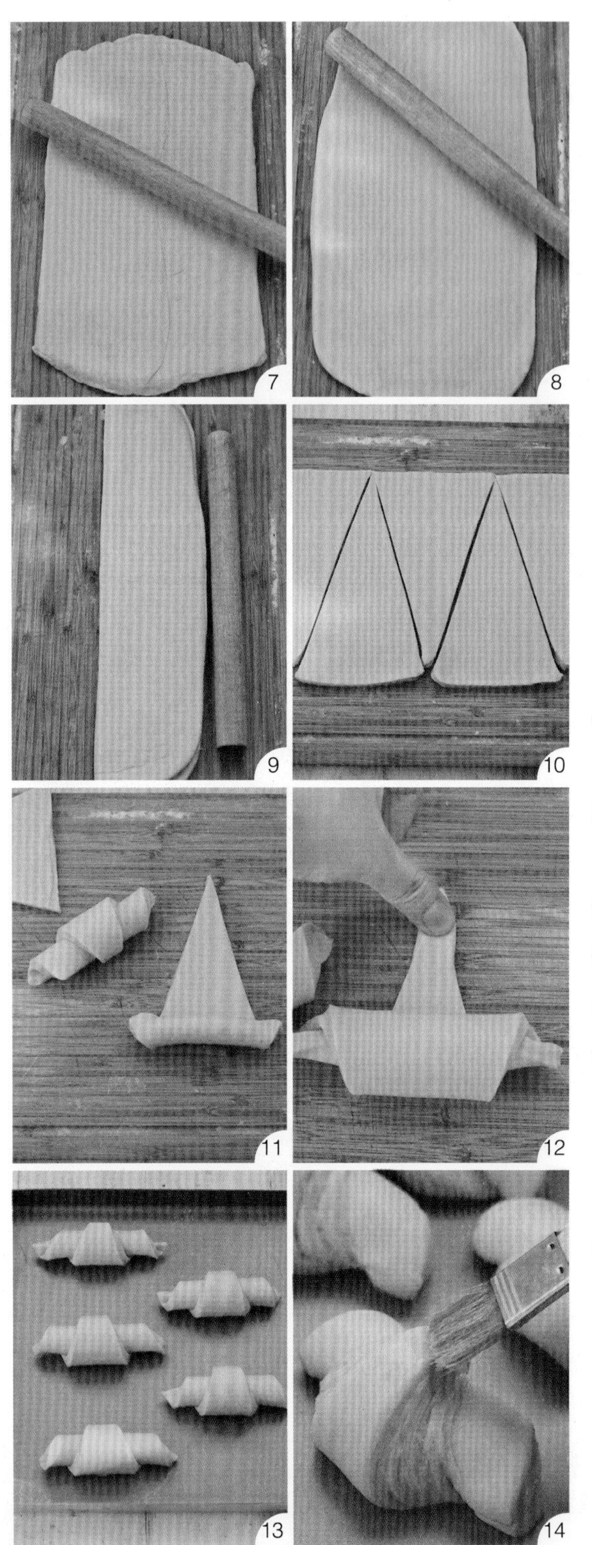

8. 再重复刚才的动作，继续三折，再三折，一共三次三折。
9. 再把面团擀成长方形。最后得到的面团，左右对折一次成为长条形。
10. 切成宽 10cm 高 20cm 的三角形。
11. 每个三角形从底边向尖角处卷。
12. 尖角处要按压一下，方便收口收紧。
13. 照我的方法做，不需要每次折完后都去冷藏，可以一气呵成，今天的量可以做 5~6 个，边角料也能卷成其他形状烤了吃掉，别浪费哦。
14. 卷好的牛角包覆上保鲜膜，送入烤箱，30℃发酵 1 个小时。发酵完成，表面刷一层蛋液，送入烤箱，200℃烤 20 分钟，出炉后震几下烤盘，避免缩腰。

071　黑胡椒鸡肉堡

看起来像鸡腿的面包，有种伪装成功的感觉。用鸡胸肉假装骨头，完美！侧面切开，加一点蔬菜，就是很棒的三明治了。

准备材料

高筋面粉	250g	鸡蛋	1个
牛奶	120ml	黄油	25g
鸡胸肉	1块	干酵母	4g
黑胡椒粒	少许	白砂糖	40g
白芝麻	少许	盐	3g

制作时间：20 分钟

烘烤温度：180℃

制作方法

1. 鸡胸肉抹上盐和黑胡椒粒，按摩后腌制备用。将高筋面粉、牛奶、黄油、干酵母和白砂糖混合，用后油法把面团揉至完全阶段。
2. 能拉出薄膜，但是还没到手套膜的阶段。
3. 覆上保鲜膜，放进烤箱，30℃发酵 1 个小时，手指戳洞不会回缩。
4. 发酵好的面团排气，再分成 8 个小面团。覆上保鲜膜，静置 5 分钟。
5. 腌制好的鸡肉先两面稍微煎一下。
6. 送入烤箱，200℃烤 20 分钟，切成条状。

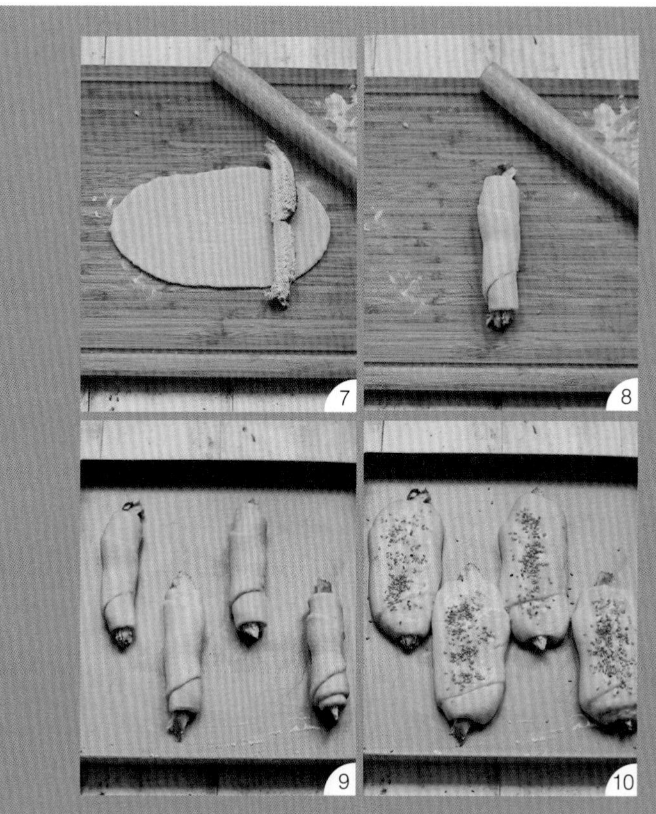

7. 小面团擀成椭圆形，包入鸡肉条。
8. 从一头卷起来收紧。
9. 排入烤盘，覆上保鲜膜，放进烤箱，30℃发酵 1 个小时。
10. 发酵好的面包卷，表面刷一层蛋液，撒上少许白芝麻，送入烤箱，用 180℃烤 20 分钟。

072 海苔肉松卷

肉松面包卷用了自制的柠檬蛋黄酱夹心，稍稍烤过的脆肉松香得不行，一口气吃掉一整个。当然咯，海苔可以用香葱替换，蛋黄酱也可以用其他喜欢的酱替换，自己做才最符合心意。甜咸口味的面包卷加上香香的海苔和芝麻，这面包有魔咒。

准备材料

高筋面粉	250g	牛奶	140ml	干酵母	5g
肉松	适量	鸡蛋	1个	白砂糖	30g
海苔碎	适量	蛋液	30ml	盐	4g
白芝麻	适量	黄油	25g	蛋黄酱	适量

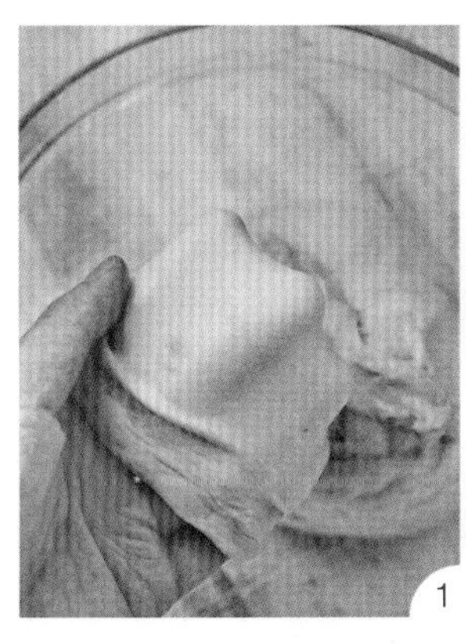
1

2

制作时间：30分钟

烘烤温度：30℃

制作方法

1. 将高筋面粉、牛奶、鸡蛋、黄油、干酵母、白砂糖和盐混合，用后油法把面团揉至能拉出薄膜的阶段，覆上保鲜膜。
2. 放入30℃的烤箱，发酵1个小时，用手指戳洞不回缩。

3. 面团排气，擀成 0.3cm 左右厚度的方形。
4. 可以擀两个黄金烤盘的面皮。面皮用叉子叉孔，放入 30℃的烤箱中，再发酵 30 分钟。
5. 发酵好的面皮上刷一层蛋液，撒上白芝麻和海苔碎。
6. 买来的肉松如果比较软，可以铺入烤箱，用 170℃烤 8 分钟左右，肉松上色和变脆。
7. 烤好的面包皮倒扣在油纸上。
8. 先涂一层蛋黄酱。
9. 再撒上海苔碎和肉松。
10. 从一头提起油纸开始卷面包卷，卷紧之后，把两头的油纸拧紧，塑形半小时。
11. 拆掉油纸，用面包刀切段。
12. 在面包卷的两端涂上蛋黄酱。
13. 粘满肉松，完成成品。海苔可以用香葱替换，同样美味。

3
4
5
6
7
8
9
10
11
12
13

073 原味贝果

贝果，奥地利文为*Beugel*，意为圆满之意。传说一位奥地利的烘焙师，为了表达对波兰皇帝的敬意，特别用酵母发酵的面团做成了最早的贝果圆圈饼。因为波兰皇帝的骑术非常好，所以奥地利的烘焙师就把贝果做成马镫的外形，而奥地利文的马镫就是*Beugel*。低脂、低胆固醇，贝果被誉为健康早餐代表。外皮烤得硬脆，里面的面包味道特别浓，质地坚韧，扎实带有嚼劲。贝果与其他面包最大的不同，就是在烘烤之前先用沸水将成形的面团略煮过，经过这道步骤之后，贝果会产生一种特殊的韧性和风味。

吃不完的贝果可以冷冻保存，吃的时候再拿出来加热。如果冷藏的话，因为贝果的水油都非常少，容易干掉。贝果的食用方式相当多样，可蒸热，或再烘烤，亦可微波加热。涂抹喜欢的果酱或奶油、调味酱，再搭配其他生鲜蔬果，或者夹上烟熏火腿片、鸡肉，更有异国风味。最经典的吃法是涂上厚厚的奶油奶酪，搭配上果酱或是熏鲑鱼，也可夹上火腿、煎蛋、番茄和洋葱，制成贝果三明治。

准备材料

高筋面粉	250g	盐	5g
黄油	5g	水	140ml
干酵母	2.5g	白砂糖（煮生坯用）	适量
白砂糖	8g	水（煮生坯用）	适量

制作时间：20 分钟

烘烤温度：200℃

制作方法

1. 将面团材料中除黄油和盐之外的其他材料混合，揉至扩展阶段。加入软化的黄油和盐，继续揉至完全阶段。
2. 面团称重后，均分成 5 个小面团。
3. 覆上保鲜膜，静置 5 分钟后，把小面团擀成很薄很薄的椭圆形。

4. 上下折三折。
5. 最后对折收口，收口一定要收紧。
6. 一端压平，把面团卷成环形，收口处包住，收紧再收紧，不然一会儿就会松开。
7. 卷好的贝果放进 30℃烤箱发酵半个小时，不用完全发酵。
8. 1l 水加 50g 白砂糖，小火煮至有很多细密的小泡泡往上跑的时候，放入贝果，每面煮 30 秒。
9. 捞出沥干水分。煮好的贝果，表面有点皱巴巴的。
10. 放入烤盘，用 200℃烤 20 分钟，贝果慢慢上色。贝果在烤的过程中不会膨胀很多，所以 5 个贝果可以一次性烤完。

074 黑芝麻贝果

加入黑芝麻的贝果意外地好吃，出炉香脆又有嚼劲。和原味贝果不同的是，黑芝麻的香完全被贝果开发出来了，越嚼越香。做法和原味贝果一样，只需要把一部分高筋面粉换成黑芝麻即可。贝果是那种看起来很简单，但做起来也会遇到很多问题的面包，因为与一般的面包制作步骤存在不同。针对"饭宝宝"问得比较多的几个点，说一下：

1. 贝果只需要发酵一次。和普通面包发酵两次不同，贝果没有揉面之后的那次发酵，而是直接称重分团，进行塑形，煮过之后发酵一次就行。

2. 贝果面团不能太小。太小了外脆里韧的感觉就吃不出来了，最好是 70~80g 一个。

3. 擀贝果面团时要尽量薄，有小气泡要全部擀掉。

4. 贝果下糖水煮这一步，看起来好像很恐怖，其实没事啦！糖水不要煮到沸腾，从开始到结束都要保持不沸腾的状态，下贝果每面煮 30 秒就可以了。

5. 贝果发酵好之后，要马上送入烤箱，这样才会有完美的表面哦！

准备材料

高筋面粉	220g	盐	5g
熟黑芝麻	30g	水	140ml
黄油	5g	白砂糖（煮生坯用）	适量
干酵母	2.5g	水（煮生坯用）	适量
白砂糖	8g		

制作时间：20 分钟

烘烤温度：200℃

制作方法

1. 将面团材料中除黄油和盐之外的其他材料混合，揉至扩展阶段。加入软化的黄油和盐，继续揉至完全阶段。
2. 面团称重后，均分成 5 个小面团，覆上保鲜膜，静置 5 分钟。
3. 把小面团擀成很薄很薄的椭圆形。
4. 上下折三折。
5. 最后对折收口，收口一定要收紧。
6. 把一端压平。
7. 把面团卷成环形，收口处包住，收紧再收紧，不然一会儿就会松开。
8. 卷好的贝果放进 30℃烤箱发酵半个小时，不用完全发酵。
9. 1l 水加 50g 白砂糖，小火煮至有很多细密的小泡泡往上跑的时候，放入贝果，每面煮 30 秒。捞出沥干水分。煮好的贝果，表面有点皱巴巴的。
10. 放入烤盘，用 200℃烤 20 分钟，贝果慢慢上色。贝果在烤的过程中不会膨胀很多，所以 5 个贝果可以一次性烤完。

1
2
3
4
5
6
7
8
9
10

075　南瓜贝果

面包面团中常加入各种蔬菜泥来改变味道和颜色，贝果也不例外，加入了南瓜的贝果变得金灿灿的！

制作时间：20 分钟

烘烤温度：200℃

准备材料

材料	用量	材料	用量	材料	用量
高筋面粉	220g	普通干酵母	3g	水	100ml
南瓜泥	70g	白砂糖	3g	白砂糖（煮生坯用）	适量
黄油	5g	盐	2g	水（煮生坯用）	适量

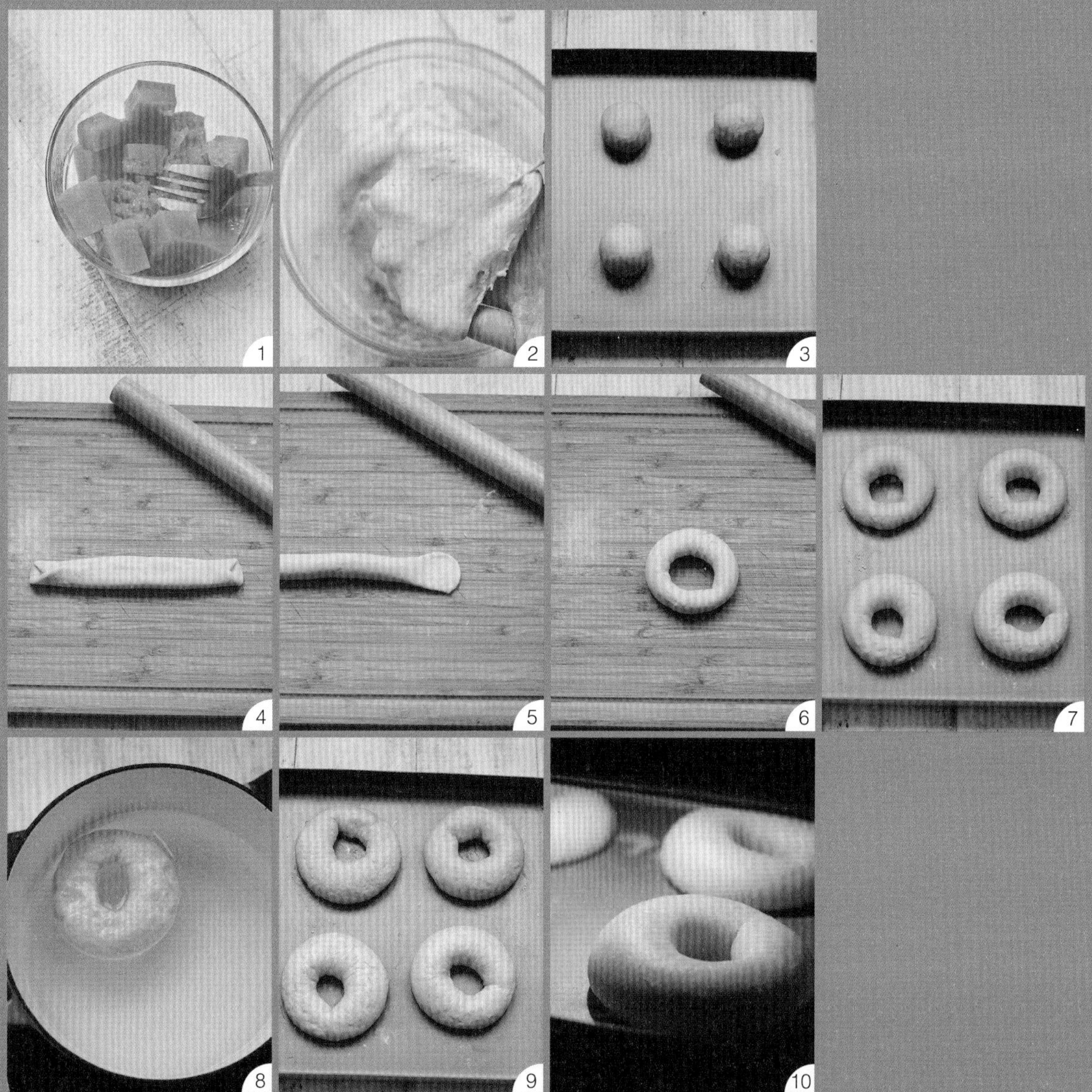

制作方法

1. 南瓜切块，上锅蒸熟，压成泥。
2. 将面团材料中除黄油和盐之外的其他材料混合，揉至扩展阶段。加入软化的黄油和盐，继续揉至完全阶段。
3. 称重后，均分成 5 个小面团。
4. 把小面团擀成很薄很薄的椭圆形，上下折三折。
5. 最后对折收口，收口一定要收紧。把一端压平。
6. 把面团卷成环形，收口处包住，收紧再收紧，不然一会儿就会松开。
7. 卷好的贝果放进 30℃烤箱发酵半个小时，不用完全发酵。
8. 1l 水加 50g 白砂糖，小火煮至有很多细密的小泡泡往上跑的时候，放入贝果，每面煮 30 秒。捞出沥干水分。煮好的贝果，表面有点皱巴巴的。
9. 放入烤盘中，用 200℃烤 20 分钟。
10. 贝果慢慢上色。贝果在烤的过程中不会膨胀很多，所以 5 个贝果可以一次性烤完。

076 泡芙

学生时代，每到冬天傍晚时，最期待的就是经过面包店买几个新鲜出炉的小泡芙。酥脆的外壳加上香甜的奶油，没有人不喜欢吧！泡芙是一种源自意大利的西式甜点，吃起来外热内冷、外酥内滑，蓬松的面皮中包裹着奶油、巧克力或冰淇淋。传说泡芙诞生于16世纪，由法国皇后凯瑟琳·德·梅第奇发明。据说奥地利公主与法国皇太子在凡尔赛宫内举行婚宴时，泡芙作为压轴甜点为长期的战争画下休止符，从此泡芙在法国成为象征吉庆示好的甜点。在节庆典礼场合如婴儿诞生或新人结婚时，都习惯将泡芙蘸焦糖后堆成塔状庆祝，称作泡芙塔，象征喜庆与祝贺之意。制作完美泡芙有一个非常重要的注意事项：面糊送入烤箱后千万不要打开烤箱门！因为烤箱内部是热对流，遇到冷空气会让泡芙无法膨胀！！泡芙的内馅非常多样，除了基础版本的奶油，还可以加入巧克力酱、卡仕达酱，夏天可以夹冰淇淋！

准备材料

低筋面粉	46g	白砂糖	3g
牛奶	45ml	盐	0.5g
蛋液	90ml	水	45g
黄油	37g	鲜奶油	适量

制作时间：30 分钟

烘烤温度：180℃

1

2

3

制作方法

1. 把除低筋面粉和蛋液、鲜奶油之外的其他材料放进锅里小火加热。
2. 煮至黄油全部化开，轻微沸腾，关火。
3. 低筋面粉过筛加入，用刮刀搅拌至无干粉。开小火继续加热，边加热边用刮刀搅拌，向锅底压面糊，直至锅底起一层干面糊，关火。

4. 蛋液分 4~5 次加入面糊中，每次都要搅拌均匀，最后的面糊如图所示，有光泽，且拉起来有柔顺的倒三角。
5. 面糊趁温热装进裱花袋中，像挤曲奇一样挤稍微高一点的形状，顶尖处用手蘸水抚平。注意每一个泡芙坯之间要留有空隙，因为烤的时候会膨胀。
6. 送入烤箱，用 180℃烤 30 分钟，或者先用 210℃烤 15 分钟，再转 180℃烤 10 分钟。两种烤法我都试过，都可以。
7. 烤好放凉之后，用刀在侧面开一个小口。
8. 挤入鲜奶油。
9. 或者在底部开一个小洞，挤入鲜奶油。个人觉得侧面挤的话，颜值高一些。

077　酥皮泡芙

如果你也和我一样爱吃菠萝包，那么你也一定会喜欢今天这款酥皮泡芙。这款酥皮泡芙就是在普通泡芙的基础上，增加了一层酥皮顶，结合了菠萝包和泡芙的口感。一口咬下去，先是酥皮的松脆，然后是泡芙的松软，最后是卡仕达酱的软滑香甜。如此丰富多样的口感，你想不想试一试？

准备材料：泡芙部分

低筋面粉	46g	白砂糖	3g
牛奶	45ml	盐	0.5g
蛋液	90ml	水	45ml
黄油	37g		

制作时间：30 分钟

烘烤温度：180℃

准备材料：酥皮部分

低筋面粉	60g	泡打粉	0.5g
蛋液	20ml	白砂糖	36g
黄油	16g		

准备材料：卡仕达酱

低筋面粉或玉米淀粉	20g	蛋黄	1 个
牛奶	130ml	白砂糖	36g

制作方法

1. 把泡芙部分除了低筋面粉和蛋液之外的其他材料放进锅里小火加热，直至黄油全部化开，轻微沸腾，关火。
2. 低筋面粉过筛加入，用刮刀搅拌至无干粉。开小火继续加热，边加热边用刮刀搅拌，向锅底压面糊，直至锅底起一层干面糊，关火。
3. 蛋液分 4~5 次加入面糊中，每次都要搅拌均匀。最后的面糊如图所示，有光泽，且拉起来有柔顺的倒三角。
4. 制作酥皮部分。黄油室温软化，加入白砂糖搅拌均匀。
5. 分次加入蛋液，每次都要充分搅拌。筛入低筋面粉和泡打粉，快速搅拌成团。
6. 塑形成长圆柱形，放入冰箱冷冻半小时。
7. 拿出来切成 0.5cm 宽的薄片，越薄越好，不够薄的可以切完再用手压薄。
8. 泡芙面糊趁温热装进裱花袋中，像挤曲奇一样挤稍微高一点的形状。
9. 盖上酥皮部分，注意每一个泡芙坯之间要留有空隙，因为烤的时候会膨胀。送入烤箱，180℃烤 30 分钟。烤好放凉后，用刀在侧面开一个小口。
10. 所有卡仕达酱材料加入锅中，小火加热，边加热边不停搅拌，直至慢慢变稠，迅速关火。如果追求细腻口感，可以过一次筛。
11. 装入裱花袋。个人建议冷藏，口感更好哦。
12. 最后从侧面挤入泡芙小口中即可。

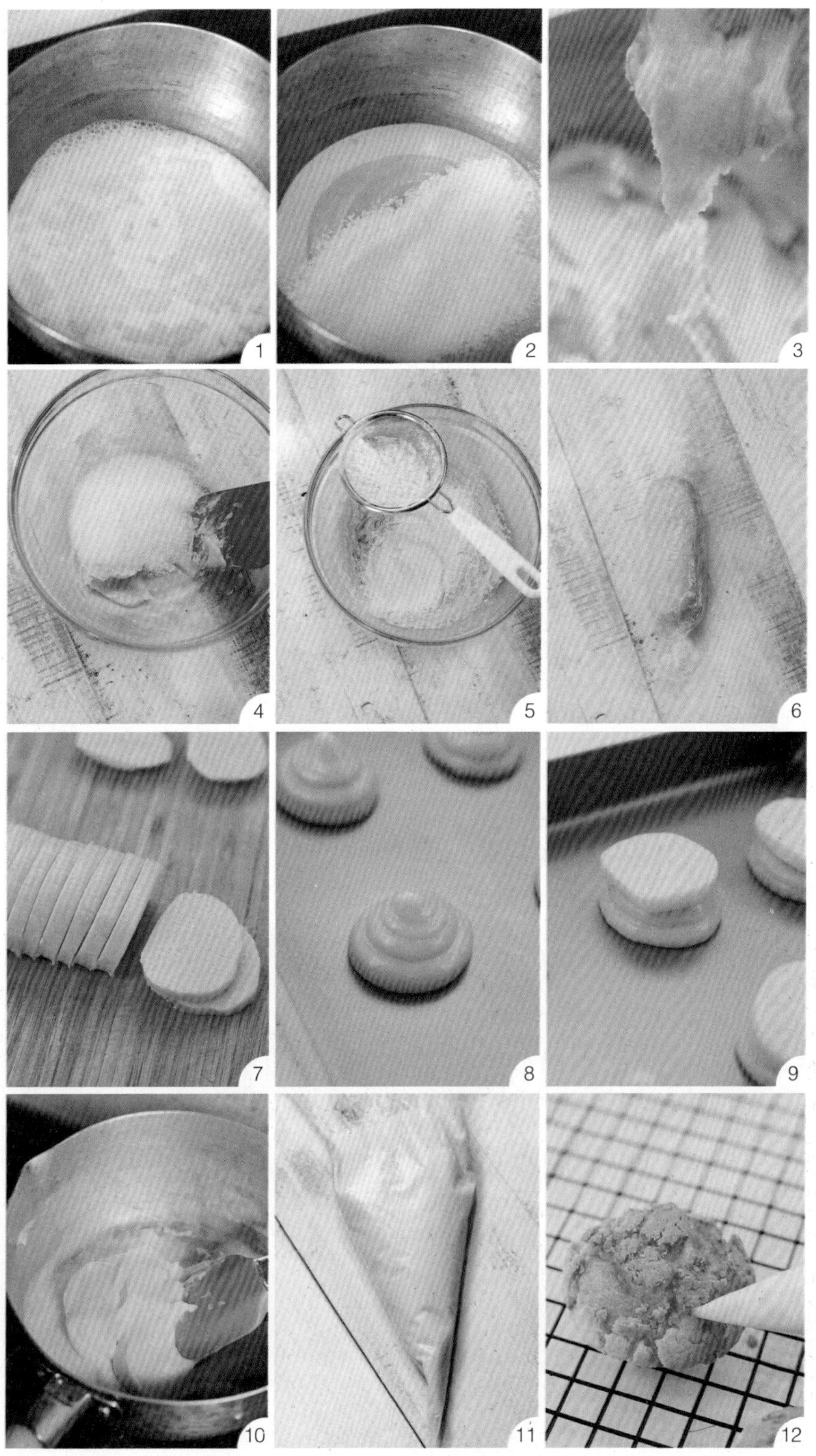
1
2
3
4
5
6
7
8
9
10
11
12

078 闪电泡芙

超美味的闪电泡芙终于来啦！因为其口感细腻润滑，会很快吃完，速度如闪电般迅猛；也因为这种甜品在刚烤出来的时候伴有闪电般的裂纹，故得其名。闪电泡芙是一款非常经典的法国小甜点，具有浓浓的法式浪漫气息，口味繁多，造型多变。今天我示范了两种简单易上手的装饰：一种是撒了坚果碎；另一种走极简风，直接在一端点缀了一颗青豆。闪电泡芙是个百变大咖，你可以加可可粉呀抹茶粉呀，内馅也可以多种选择，淋面装饰也非常多样！这么高颜值的快手甜品，招待朋友超棒的！闪电泡芙冷藏保存更好吃，建议做好后三天内吃完哦！

准备材料：泡芙

材料	用量	材料	用量
低筋面粉	46g	白砂糖	3g
黄油	37g	盐	0.5g
蛋液	90ml	水	45ml
牛奶	45ml		

制作时间：30 分钟

烘烤温度：180℃

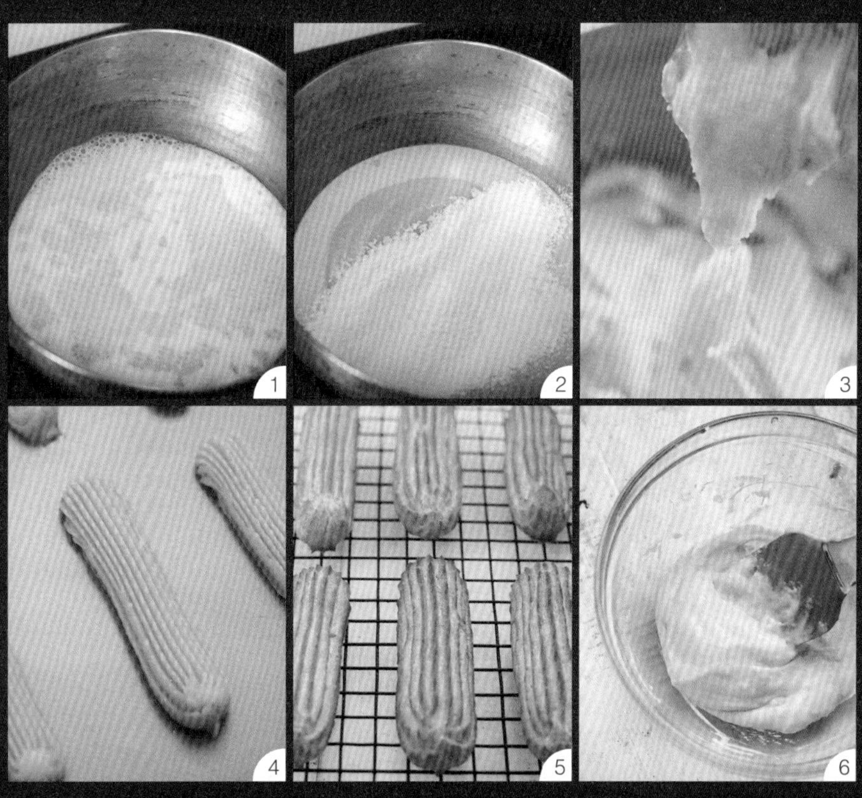

制作方法

1. 把除了低筋面粉和蛋液之外的其他材料放进锅里小火加热，直至黄油全部化开，轻微沸腾，关火。
2. 低筋面粉过筛加入，用刮刀搅拌至无干粉，开小火继续加热，边加热边用刮刀搅拌，向锅底压面糊，直至锅底起一层干面糊，关火。
3. 蛋液分 4~5 次加入面糊中，每次都要搅拌均匀，最后的面糊如图所示，有光泽，且拉起来有柔顺的倒三角。
4. 泡芙面糊趁温热装进裱花袋中，挤成长条曲奇状，过程中用力要均匀，这样泡芙坯才会比较直。泡芙坯尾部用手蘸一点水，抹平尖角。
5. 送入烤箱，180℃烤 30 分钟，出炉后移至网架上放凉。
6. 制作卡仕达奶油内馅。所有材料混合，搅拌均匀，装入裱花袋。

准备材料：卡仕达酱和巧克力淋面

卡仕达酱	100g	巧克力	100g
淡奶油	30g	奶油	70g

7. 在烤好的泡芙底部开三个小孔，挤入卡仕达奶油内馅。
8. 制作巧克力淋面。所有材料混合，隔水加热，搅拌均匀。
9. 泡芙表面向下，均匀地裹上巧克力酱。
10. 裹好巧克力的泡芙表面朝上，放至网架上，趁巧克力凝固前，撒上坚果碎或者其他你喜欢的材料。

079　原味甜甜圈

甜甜圈又叫多拿滋、唐纳滋，它最常见的两种形状是中空的环状，也有面团中间包入奶油等甜馅料的封闭型甜甜圈。美国人特别爱吃甜甜圈，多以甜甜圈作为早餐，甚至还设立了“甜甜圈日”。平时常吃到的甜甜圈多为带彩衣外壳的，但其实才炸出来的甜甜圈裸奔着，撒上糖粉或者肉桂粉和白砂糖的混合物就非常美味，真是让人少女心炸裂！甜甜圈中间的孔洞，喜欢口感绵软的人可以把洞开得小一些，喜欢吃脆壳的人可以把洞开得大一些。

准备材料

高筋面粉 ———— 220g

干酵母 ———— 9g

牛奶 ———— 70ml

鸡蛋 ———— 1 个

白砂糖 ———— 30g

制作方法

1. 所有材料混合揉至完全阶段。
2. 就是可以拉出薄膜，但还不到手套膜的阶段。
3. 面团收成圆球放入碗里，覆上保鲜膜，放进烤箱 30℃发酵 1 个小时。至两倍大，用手指戳洞不回缩。
4. 案板撒上面粉，把面团擀成 1cm 左右后的面片，用甜甜圈模具压出形状，多余的面团可反复使用，直至全部面团用完。我的甜甜圈模具直径 8.5cm。
5. 甜甜圈面团放入烤盘，覆上保鲜膜。
6. 放进烤箱 30℃发酵半个小时。

7~9. 锅里下油烧热，放进筷子周围有细密的小气泡时就可以下甜甜圈了，小火炸至金黄色捞出沥油。

10. 捞出的甜甜圈可以用厨房纸巾吸去表面多余的油，趁热筛些糖粉，就可以吃啦！

080 多彩甜甜圈

油炸好的圈圈放凉备用，化开好各种颜色的巧克力，发挥创意想象，做装饰，再撒上各种喜欢吃的糖珠。甜甜圈不仅可以做成甜的，还可以做成咸的，加入芝士、肉松和海苔等。炸甜甜圈的油温很重要，低了面圈吃油过多，高了又容易焦糊，最合适的油温是180℃。家里有专用温度计更好，没有的话也不着急，用油筷子戳一下油锅，有很多细密气泡包围筷子，油温就对了。

准备材料

高筋面粉	220g	干酵母	9g
牛奶	70ml	白砂糖	30g
鸡蛋	1个	巧克力	适量

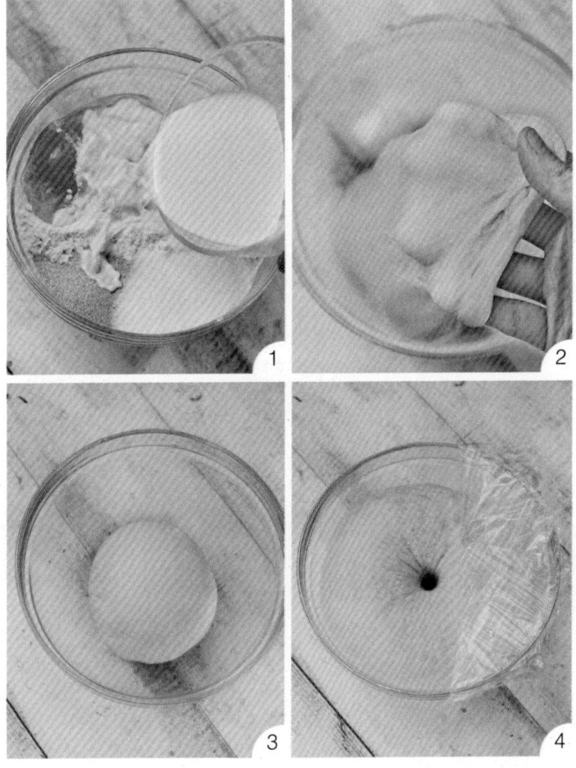

制作方法

1. 除巧克力外的其他材料混合。
2. 揉至完全阶段。
3. 面团收成圆球放入碗里，覆上保鲜膜，放进烤箱，30℃发酵1个小时。
4. 发酵至用手指戳洞不回缩。

5. 案板撒上面粉，把面团擀成 1cm 左右厚，用甜甜圈模具压出形状。多余的面团可反复使用，直至全部面团用完，大概可以做 12 个。
6. 甜甜圈面团放入烤盘，覆上保鲜膜。
7. 放进烤箱，30℃发酵半个小时。

8~9. 锅里下油烧热，放进筷子，周围有细密的小气泡时就可以放甜甜圈了。小火炸至金黄色捞出沥油。可以用厨房纸巾吸去表面多余的油。

10. 准备装饰材料——各色巧克力，糖珠和彩糖，花生碎，蔓越莓，椰蓉等，有啥就用啥。

11~14. 巧克力放入碗中，隔水化开，再放入甜甜圈，粘上一层巧克力外衣。如果要在表面撒东西的话，要尽快，因为巧克力很容易干。如果要画线或写字，就等巧克力干了之后。

081 创意甜甜圈

甜甜圈可不止有油炸版本，还有烤箱版本。花瓣形状的造型，一秒让你的甜甜圈与众不同！

准备材料

低筋面粉 —— 125g
泡打粉 —— 4g
黄油 —— 20g
牛奶 —— 40ml
鸡蛋 —— 2个
白砂糖 —— 50g
植物油 —— 60ml
巧克力 —— 适量
各色彩珠 —— 适量

制作时间：30分钟
烘烤温度：160℃

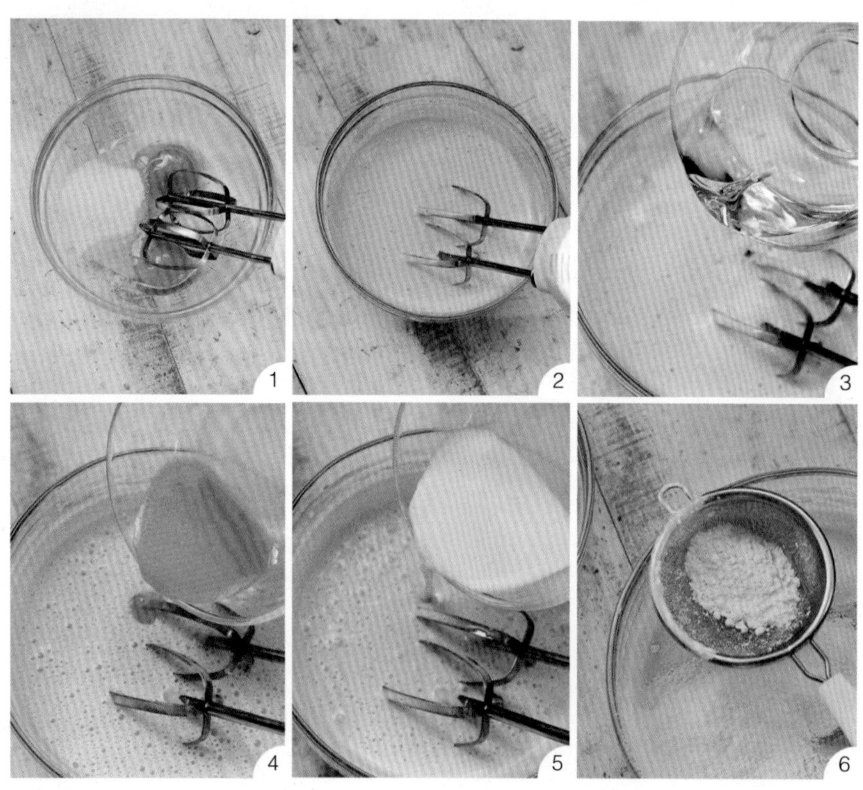

制作方法

1. 鸡蛋打入碗中，加白砂糖。
2. 用电动打蛋器打发至变白变膨胀，体积为原来的两倍大。
3. 加入植物油，搅拌均匀。
4. 加入隔水化开的黄油，搅拌均匀。
5. 加入牛奶，搅拌均匀。
6. 低筋面粉和泡打粉混合过筛，加入面糊中。

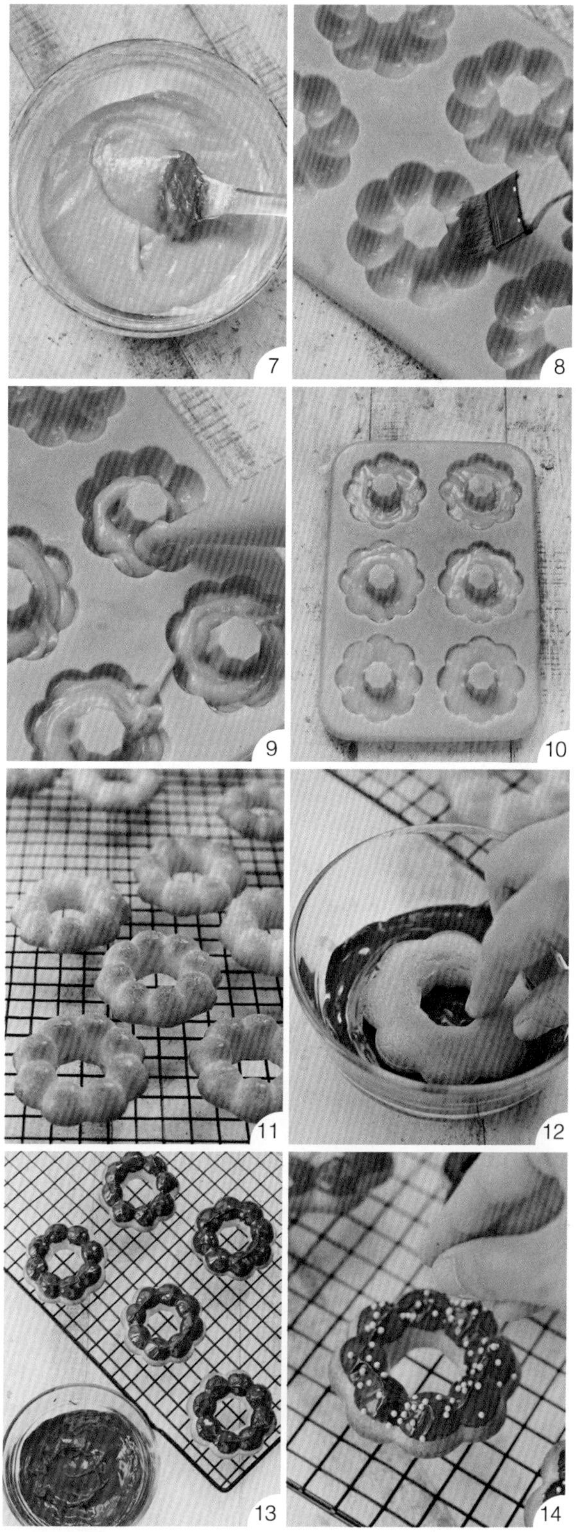

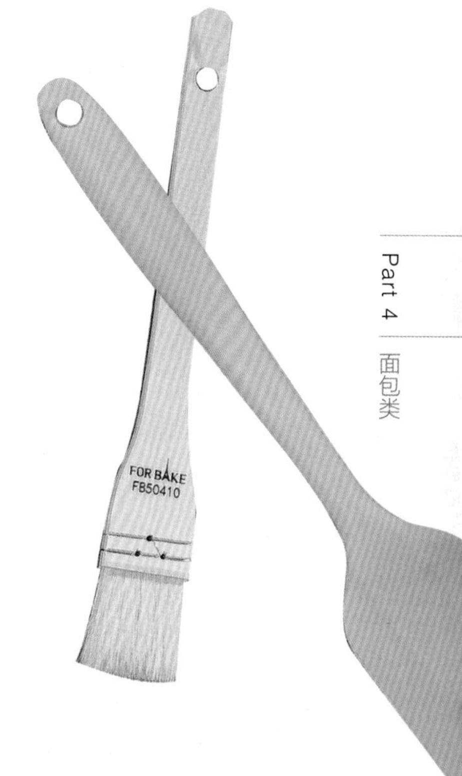

7. 搅拌成黏稠的液体，装入裱花袋。
8. 模具刷上一层植物油。
9. 面糊挤入模具中，约九分满。
10. 震几下，震出大气泡。
11. 送入烤箱，160℃烤 30 分钟。取出甜甜圈倒扣放凉。
12. 巧克力隔水化开，放入甜甜圈。
13. 蘸上一层巧克力。
14. 撒上各色彩珠作为装饰品。

082 玛格丽特比萨

说到比萨，最经典也最简单的就是玛格丽特比萨了。比萨起源于意大利，番茄、罗勒和马苏里拉奶酪是意大利玛格丽特比萨永恒的经典搭配。番茄的酸甜，罗勒的芬芳，马苏里拉奶酪的粘韧香浓，在又薄又脆又香的面饼上呈现，完美地演绎着意大利人对比萨的热情。上等的比萨必须具备四个特质：新鲜饼皮、上等芝士、顶级比萨酱和新鲜的馅料。饼底一定要现做，而纯正乳酪是比萨的灵魂。顶级的比萨酱需要用新鲜清甜的番茄和纯天然香料混合熬制而成。这样看来，比萨的制作虽然很简单，要想做得好吃却不简单。

准备材料

中筋面粉	280g	马苏里拉奶酪	适量
酵母	10g	白砂糖	15g
橄榄油	30ml	盐	5g
番茄酱	适量	温水	165ml
新鲜罗勒叶	适量		

制作时间：15 分钟

烘烤温度：200℃

制作方法

1. 白砂糖和酵母先溶于温水中。中筋面粉、橄榄油、盐与酵母溶液混合，揉成团。
2. 面团覆上保鲜膜，放进烤箱，30℃发酵 1 个小时。发酵好的面团可以做 3 个 10 寸薄饼，如果要做厚饼的话就是两个。
3. 分出一半面团揉成圆形，用手排气按压成如图所示的圆饼，边缘留出一圈厚边。
4. 用叉子在面团上叉出孔，中间涂上番茄酱，边缘刷上一层橄榄油。
5. 中间铺上对半切开的小番茄和切成块的马苏里拉奶酪，送入烤箱，200℃烤 15 分钟。
6. 烤至表面金黄取出，撒上新鲜罗勒叶和马苏里拉奶酪碎，再放入烤箱，闷至奶酪化开就好啦。

083　缤纷海鲜至尊比萨

制作时间：15 分钟

烘烤温度：200℃

不想出门的你，可以给自己做份海鲜至尊大比萨，馅料丰富，美味不断。

准备材料

中筋面粉	300g	马苏里拉奶酪碎	适量
橄榄油	30ml	白砂糖	15g
干酵母	10g	盐	5g
番茄酱	适量	水	180ml

蔬菜碎、火腿碎、培根碎、大虾 — 各适量

制作方法

1. 将中筋面粉、干酵母、白砂糖、盐和水混合，用后油法把面团揉到扩展阶段之后一点。
2. 就是出筋之后面团呈光滑状态即可。
3. 揉好的面团覆上保鲜膜，放进烤箱，30℃发酵 1 个小时，至用手指戳洞不回缩。
4. 排气后称重，均分成 3 个小面团，一个小面团就是一个 10 寸饼皮。
5. 小面团擀成圆薄皮，有比萨盘的可以放进比萨盘，我就这样直接放进了烤盘。用手在周围压出一圈厚边，中间部分用叉子叉孔，放进烤箱 200℃烤 15 分钟，比萨饼皮就好啦。暂时不用的面团可以都擀好烤好，放进冰箱冷冻，用的时候再解冻。
6. 在厚边上刷上橄榄油。

7. 饼坯上先刷一层番茄酱。
8. 撒奶酪碎。
9. 撒蔬菜碎、火腿碎。
10. 撒培根碎。
11. 再撒一层奶酪碎，可以多多地撒。
12. 最后铺上处理好的大虾，送入烤箱，200℃烤 15 分钟。

084 水果渐变比萨

吃不完的水果可以做成水果渐变比萨，口感清爽，也能解腻。颜色鲜艳的水果，放进比萨，和芝士是香甜的绝配。排成渐变的效果，让人眼前一亮。做水果比萨有几个注意事项：

1. 尽量不要选择出汁量大的水果，如果一定要用，要少放。

2. 尽量不要选择酸性水果，甜度比较大的水果可以大量使用。

3. 水果本身滋味比较充足，所以就不建议用沙拉酱之类的酱料，只刷蛋液就很棒啦。

准备材料

中筋面粉——300g
橄榄油——30ml
干酵母——10g
水果丁——适量
鸡蛋——1 个
马苏里拉奶酪——适量
白砂糖——15g
盐——5g
水——180ml

制作时间：20 分钟

烘烤温度：200℃

制作方法

1. 将中筋面粉、干酵母、白砂糖、盐和水混合，后油法把面团揉到扩展阶段之后一点。
2. 就是出筋之后面团呈光滑状态。
3. 揉好的面团覆上保鲜膜，放进烤箱，30℃发酵 1 个小时，至用手指戳洞不回缩。
4. 排气后称重，均分成 3 个小面团，一个小面团就是一个 10 寸饼皮。
5. 小面团擀成圆薄皮，有比萨盘的可以放进比萨盘里，我就这样直接放进了烤盘。用手在周围压出一圈厚边，中间部分用叉子叉孔，放进烤箱 180℃烤 10 分钟，比萨饼皮就好啦。暂时不用的面团可以都擀好烤好，放进冰箱冷冻，用的时候再解冻。
6. 在厚边上刷上橄榄油。
7. 饼坯上刷一层蛋液。
8. 铺上奶酪，再依次码上水果丁。建议选择颜色比较亮的水果。
9. 最后再铺上一层奶酪碎，送入烤箱，200℃烤 20 分钟。水果的水分比较多，要多烤一会儿。

Part 5
甜点类

这里说的甜点，种类比较多，既有慕斯等蛋糕类小点心，也有布丁等甜点，都可以作为零食日常食用。

Dessert

Part 5

甜点类

① 慕斯类

085 草莓慕斯

慕斯 *Mousse*，是指加入淡奶油与凝固剂来造成浓稠冻状的奶冻式甜品。慕斯蛋糕最早出现在美食之都法国巴黎，最初大师们在奶油中加入起稳定作用和改善结构口感及风味的各种辅料，使之变化丰富，更加自然纯正，冷冻后食用其味无穷，成为蛋糕中的极品。高颜值的草莓被称为慕斯的首选搭档，可爱甜美！

制作冻芝士和慕斯时，我们常常会用到吉利丁。吉利丁是从英文 *Gelatine* 音译过来的，又叫鱼胶或明胶，是用动物的骨头提炼出来的一种胶质，分为吉利丁片和吉利丁粉，这两者在使用时功能和重量都是一样的，只是状态不同。方子里如果需要 5g 吉利丁片，也可以用 5g 吉利丁粉代替。吉利丁片需要提前用冷水泡软，再加入其他材料中慢慢化开。吉利丁粉需要使用 3~4 倍的水量浸泡，然后再加入其他材料中使用。

准备材料

戚风蛋糕——1 个
新鲜草莓（打汁用）—35g
草莓粒——适量
淡奶油——100ml
白砂糖——20g
吉利丁片——4g

 制作时间：4 小时

1

2

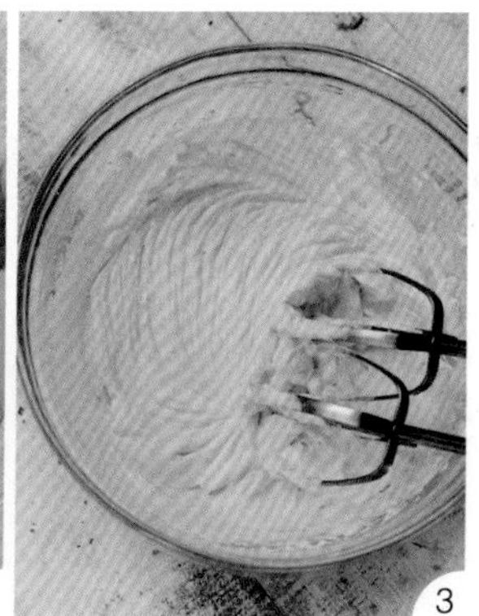
3

制作方法

1. 35g 草莓打成汁，适量草莓切成丁。
2. 吉利丁片提前泡软，加入草莓汁中，隔水加热至吉利丁片化开，慕斯液制成。
3. 淡奶油加白砂糖打发至六分，有纹路产生不消失。

4. 加入草莓汁，搅拌均匀。
5. 戚风蛋糕分层为 1.5cm 的薄片，用慕斯圈压出形状。
6. 慕斯圈底部包一层保鲜膜。
7. 放入戚风片，先倒入部分慕斯液。
8. 再放入少量草莓丁，最后再倒满慕斯液，放入冰箱冷藏 4 小时以上。
9. 多余的慕斯液可以倒入小杯子里，步骤一样。
10. 冻好的慕斯先拿掉底部的保鲜膜，移至底托上，再用热毛巾在周围围一圈脱模。

086 黄桃慕斯

随时都能买到的糖水黄桃罐头，做起慕斯来一点也不示弱，和戚风蛋糕片搭配起来柔软轻盈，不用烤箱就可以做，非常适合我的口味！慕斯的底我一般喜欢用软绵的戚风片，但是如果来不及烤戚风或者想偷懒，也可以用消化饼干底或者奥利奥饼干底，做法就是先碾碎，加入少许黄油混合，压实即可。

准备材料

戚风蛋糕片 —— 1片　　吉利丁片 —— 10g

淡奶油 —— 250ml　　白砂糖 —— 35g

糖水黄桃 —— 300g

制作时间：4小时

制作方法

1. 200g 糖水黄桃用料理机打成泥，我喜欢颗粒口感，所以打得轻一些。也可以全部都打成很细的黄桃泥。剩下 100g 作装饰用。
2. 黄桃泥隔水加热，加入泡软了的吉利丁片，搅拌至化开，放至冷却。
3. 淡奶油加入白砂糖，打发至六分，有花纹不消失即可。
4. 放凉的黄桃泥加入淡奶油中。
5. 搅拌均匀，慕斯液就好啦。
6. 6 寸圆慕斯模具，底部先包上保鲜膜，放在案板或盘子上，在慕斯圈里铺入戚风蛋糕片（大约 1.5cm 左右厚）。
7. 倒入慕斯液。
8. 连案板一起移至冰箱冷藏 4 小时以上。冻好的慕斯先撕掉底部的保鲜膜，移至底托上，用热毛巾在慕斯圈周围围一圈脱模。
9. 最后把黄桃切薄片，铺在表层作装饰。

1
2
3
4
5
6
7
8
9

087 柠檬慕斯

柠檬是清新的代名词，的确，柠檬的清爽非常解油腻。双层蛋糕片作夹心，口感更轻盈。

准备材料

戚风蛋糕片 —— 2 片
柠檬 —— 1 个
淡奶油 —— 250ml
吉利丁片 —— 10g
牛奶 —— 80ml
白砂糖 —— 80g
蛋黄 —— 2 个

制作时间：4 小时

制作方法

1. 蛋黄打散，加白砂糖搅拌均匀。
2. 牛奶隔水加热，加入提前泡软的吉利丁片，搅拌至化开。
3. 加热好的牛奶液稍微放凉，倒入蛋黄液中搅拌均匀。
4. 用盐粒擦一下表皮，然后把柠檬皮擦成丝，并切开榨汁。
5. 留一点柠檬丝，剩下的和柠檬汁一起倒入蛋黄液中，搅拌均匀。
6. 淡奶油加白砂糖打发至六分，有花纹不消失即可。

7. 蛋黄液倒入淡奶油中，搅拌均匀。
8. 慕斯液就做好了。
9. 6 寸慕斯圈底部先包上一层保鲜膜，然后放入一片戚风蛋糕片，倒入一半的慕斯液，再放一片戚风蛋糕片，倒入剩下的慕斯液，放入冰箱冷藏 4 小时以上。
10. 取出，表层放一些柠檬屑即成。

088 百香果慕斯

集芒果、柠檬、菠萝等多种水果风味于一身的百香果，做成慕斯超级棒！百香果的籽可以吃，如果不喜欢可以滤去籽只用汁，或者和汁一起用料理机打碎。百香果的味道非常浓郁，但也比较酸，糖的分量可以根据自己的口味来。一个饱满的百香果能榨 40ml 左右的汁。

准备材料：百香果慕斯

戚风蛋糕片	2 片	淡奶油	100ml	蛋黄	1 个
百香果	1 个	吉利丁片	5g		
牛奶	50ml	白砂糖	40g		

准备材料：镜面

水	60ml	白砂糖	30g
百香果	1 个	吉利丁	3g

制作时间：2 小时

制作方法

1. 蛋黄加入白砂糖，搅拌均匀。
2. 百香果榨汁，加入蛋黄液，搅拌均匀。
3. 吉利丁片提前冷水泡软，放入隔水加热的牛奶中，搅拌至化开。
4. 把牛奶液倒入蛋黄液中，搅拌均匀。
5. 淡奶油打发至六分，有花纹不消失即可。
6. 冷却好的蛋黄溶液加入淡奶油中，搅拌均匀，慕斯液制成。

7. 戚风片切 1.5cm 厚，用模具压出心形。
8. 先在模具底部包上保鲜膜，再铺入戚风片，倒入慕斯液，震几下模具，放入冰箱冷藏 4 小时以上。
9. 制作镜面。百香果去皮，与水、白砂糖混合，小火加热。
10. 吉利丁片冷水泡软，放入百香果溶液，搅拌至化开，成为镜面。
11. 镜面冷却之后，淋在冻好的慕斯层上，也可以把百香果籽过滤掉。
12. 冷藏 2 小时即可取出食用。

089　蓝莓慕斯

酸酸甜甜的小浆果是烘焙中不可缺少的装饰，既能加入蛋糕体中，也能用它本身美丽的颜色装饰蛋糕。这款蓝莓渐变慕斯就是利用蓝莓好看的蓝紫色来制作不同的分层。

准备材料：蓝莓慕斯

可可戚风蛋糕片 —— 1 片
蓝莓酱 —— 适量
蓝莓 —— 200g
淡奶油 —— 200ml
吉利丁片 —— 2 片
柠檬汁 —— 15ml
白砂糖 —— 60g

制作时间：4 小时

制作方法

1. 蓝莓加白砂糖碾碎。
2. 加入柠檬汁，腌制半小时。
3. 连汁一起放入小锅中。
4. 熬煮至浓稠，期间要不断地搅拌，以免粘锅。
5. 吉利丁片提前冷水泡软，加入蓝莓酱中，搅拌至化开。
6. 淡奶油加白砂糖打发至六分，均分成 3 份，每份中加入不同分量的蓝莓酱。

准备材料：流动淋面

淡奶油 ————————50ml

黑巧克力 ———————50g

7. 搅拌均匀，制成 3 份颜色不同的慕斯液。
8. 模具底部用保鲜膜包上，倒入颜色最深的慕斯液，放入冰箱冷藏半小时。
9. 取出后倒入稍浅颜色的慕斯液，放入冰箱冷藏半小时。
10. 最后倒入颜色最浅的慕斯液。
11. 放入冰箱冷藏 4 小时以上。
12. 用热毛巾脱模后，制作巧克力流动淋面。流动淋面材料混合，隔水加热。冷却后装入裱花袋中，在慕斯表层挤出流动的感觉。最后装饰上蓝莓。

090 黑森林慕斯

表面粘满巧克力屑屑的黑森林蛋糕是蛋糕中的经典款，摇身一变也能做黑森林慕斯。加入黑朗姆酒和樱桃粒的黑森林慕斯，适合在一阵繁忙的工作之后细细品味，一块就能微醺。灵感来源于黑森林蛋糕的黑森林慕斯，有着浓郁的酒香味和冰爽的口感，不仅可以做成方形，也可以做成圆形或者慕斯杯，更易于携带和分享。对酒精过敏的，可以把黑朗姆酒换成樱桃汁。

准备材料

可可戚风蛋糕片 —— 1 片
淡奶油 —— 250ml
黑巧克力 —— 20g
黑朗姆酒 —— 15ml
樱桃粒 —— 适量
白砂糖 —— 30g
吉利丁片 —— g

制作时间：4 小时

制作方法

1. 淡奶油加入白砂糖和黑朗姆酒，打发至六分左右。再加入化开的黑巧克力，搅打均匀即可。
2. 100g 樱桃粒用料理机打碎，放入小锅加热，加入用冷水泡软的吉利丁片，搅拌至化开。
3. 樱桃溶液加入淡奶油中搅拌均匀，成为慕斯液。
4. 可可戚风蛋糕片用模具切成差不多大小，1.5cm 厚。模具底部先用保鲜膜包上，接着铺入可可蛋糕片，樱桃粒切碎铺在上面。
5. 最后倒入慕斯液。
6. 取出来脱模之后，用整颗樱桃装饰即可。

091　提拉米苏

以马斯卡彭芝士为主要材料的提拉米苏，入口集香、滑、甜、腻于一身，柔和中带有质感的变化。作为意大利甜点的代表，提拉米苏在意大利文中的意思为“带我走”，情人节就用它告白吧。如果你爱上了一个人，只要给对方一块提拉米苏，就意味着将心交在他(她)手中，愿意与其远走天涯。一直以来，提拉米苏是代表爱情的。在意大利，传统的提拉米苏是软质的、不成形的，装在盆里用勺子挖到自己的盘子里吃。马斯卡彭奶酪、咖啡酒、可可粉就决定了它的柔软湿润，咖啡酒可以用朗姆酒代替。

准备材料

可可戚风蛋糕片——1 片
淡奶油——125ml
马斯卡彭芝士——125g
咖啡酒——5ml
吉利丁片——5g
可可粉——适量
蛋黄——1.5 个
糖水——25ml
白砂糖——25g

制作时间：2 小时

制作方法

1. 蛋黄加白砂糖，打发至变白变稠。
2. 糖水煮沸，加入蛋黄液中，搅拌均匀。
3. 加入泡软的吉利丁片。

4. 加入咖啡酒，搅拌均匀。
5. 马斯卡彭芝士室温软化。
6. 用电动打蛋器打至顺滑无颗粒。
7. 加入蛋黄糊中，搅拌均匀。
8. 淡奶油打发至六分。
9. 加入蛋黄糊中，搅拌均匀。
10. 搅拌好的提拉米苏慕斯液。
11. 6 寸慕斯圈，底部包好保鲜膜，放入案板上，先铺一片可可戚风蛋糕片，再倒入一半慕斯液。
12. 完全定型后，取出，在顶部筛上一层可可粉。最后用热毛巾脱模。

092 三色杯慕斯

用杯子来制作慕斯不仅方便携带，还可以做更多造型，比如三色慕斯、彩虹慕斯，统统都可以通过慕斯杯来实现。

准备材料：可可慕斯

可可戚风片 —— 1 片
可可粉 —— 6g
牛奶 —— 50ml
淡奶油 —— 130ml
白砂糖 —— 30g
吉利丁片 —— 5g

制作时间：2 小时

准备材料：紫薯慕斯

淡奶油 —— 130ml
紫薯粉 —— 6g
牛奶 —— 50ml
白砂糖 —— 30g
吉利丁片 —— 5g

准备材料：抹茶慕斯

淡奶油 —— 130ml
抹茶粉 —— 6g
牛奶 —— 50ml
白砂糖 —— 30g
吉利丁片 —— 5g

1

2

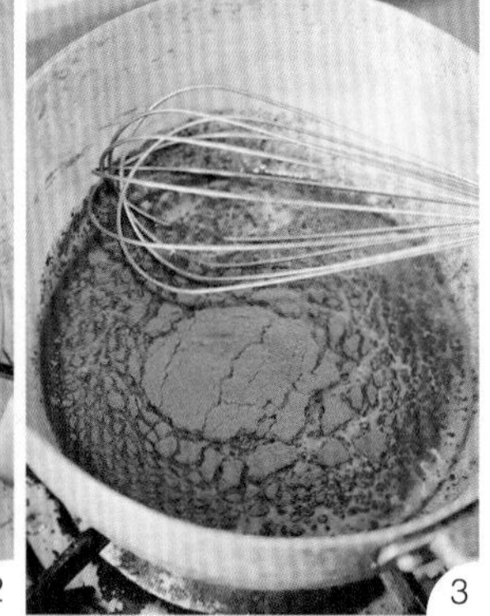
3

制作方法

1. 可可戚风片用杯子压出形状，铺入杯子底部。
2. 淡奶油中加白砂糖，打发至六分。
3. 牛奶小火加热， 筛入可可粉，搅拌均匀。

4. 加入提前泡软的吉利丁片，搅拌均匀。

5. 将可可牛奶液倒入打发好的淡奶油中，搅拌均匀，做成可可慕斯液。

6. 倒入杯子，至三分之一处，放入冰箱冷藏半小时。

7. 制作紫薯慕斯。牛奶小火加热，筛入紫薯粉，搅拌均匀。加入提前泡软的吉利丁片，搅拌均匀。

8. 将紫薯牛奶液倒入打发好的淡奶油中，搅拌均匀，做成紫薯慕斯液。

9. 倒入杯子，至三分之二处，放入冰箱冷藏半小时。

10. 制作抹茶慕斯。牛奶小火加热，筛入抹茶粉，搅拌均匀。加入提前泡软的吉利丁片，搅拌均匀。

11. 将抹茶牛奶液倒入打发好的淡奶油中，搅拌均匀，做成抹茶慕斯液。

12. 倒满杯子，放入冰箱冷藏 3 个小时以上。

093 双色牛奶抹茶慕斯

慕斯相较于布丁，口感更柔软，常有入口即化之感。牛奶与抹茶这对完美组合带来清新风。满满的双层慕斯，颜值爆表，操作简单。

准备材料：抹茶慕斯

制作时间：4 小时

淡奶油 —— 260ml　牛奶 —— 10ml

抹茶粉 —— 7g　白砂糖 —— 30g　吉利丁片 —— 10g

准备材料：牛奶慕斯

淡奶油 —— 260ml　牛奶 —— 10ml

白砂糖 —— 30g　吉利丁片 —— 10g

制作方法

1. 淡奶油加白砂糖，打发到六分左右的样子，筛入抹茶粉，搅拌均匀。
2. 吉利丁片冷水泡软，加入牛奶中，隔水加热至化开，和牛奶搅拌均匀。
3. 把牛奶液倒入奶油糊中，搅拌均匀。搅拌好的慕斯糊倒入 8 寸模具中，震出大气泡，放入冰箱冷藏半小时，即成抹茶慕斯。
4. 淡奶油加白砂糖，打发到六分左右的样子。吉利丁片冷水泡软，加入牛奶中，隔水加热至化开，和牛奶搅拌均匀，倒入奶油糊中，搅拌均匀。
5. 搅拌好的牛奶慕斯，倒入已经冻好的抹茶慕斯中即可，继续冷藏 4 个小时。
6. 脱模装饰。

Part 5

甜点类

② 芝士类

094 经典冻芝士

芝士口感略甜，奶香十足。食用时最好配一杯黑咖啡，就像喝一口红酒抿一口奶酪一样美味。经典的冻芝士蛋糕不需要烤箱，马上就可以做起来。冻芝士蛋糕要做好只有一个秘诀：奶油奶酪一定要软化到位，不能有颗粒。软化程度和黄油的软化差不多，需要软化到用刮刀能任意地刮动、手指能轻易戳洞的程度。如果没有软化到位，混合过程中可以用刮刀按压，尽量消除颗粒。软化方法呢，放在暖气上、灶边、烤箱里或者微波炉叮一下都可以。

准备材料

消化饼干 80g
奶油奶酪 240g
淡奶油 150ml
牛奶 100ml
黄油 40g
吉利丁片 10g
糖粉 60g

制作时间：4 小时

制作方法

1. 消化饼干捣碎，加入化开的黄油搅拌均匀。
2. 铺入模具底部压实，放入冰箱冷藏备用。
3. 奶油奶酪室温软化，可以用手指随意戳洞。
4. 加入糖粉，用电动打蛋器打至顺滑。

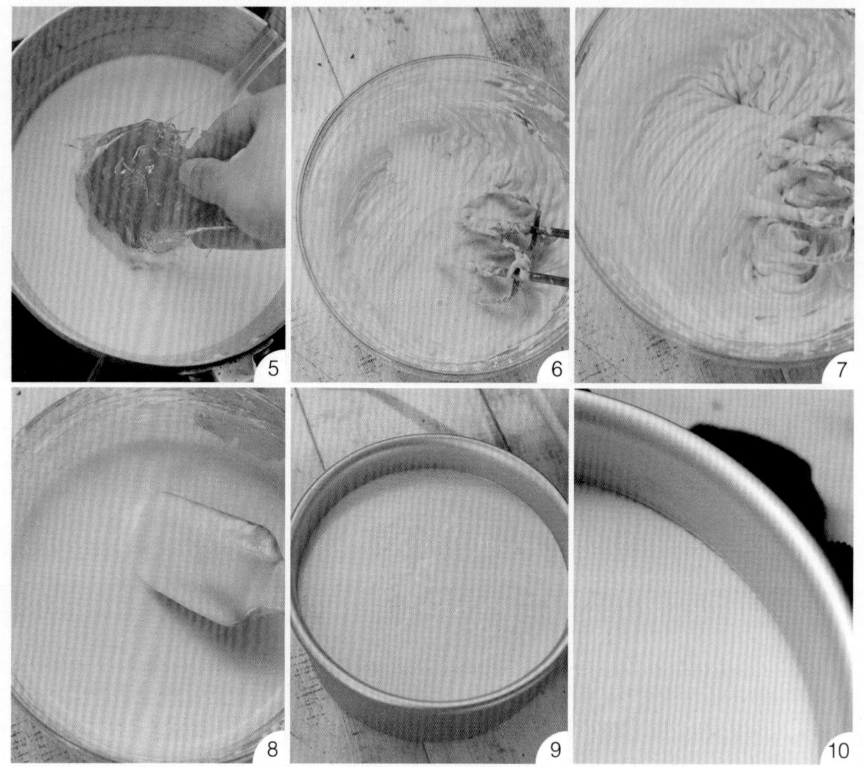

5. 淡奶油和牛奶放入锅中，加入提前泡软的吉利丁片，小火加热，搅拌均匀。注意不要沸腾。
6. 淡奶油溶液分次加入奶油奶酪中。
7. 每一次都先用电动打蛋器打发均匀，完全融合之后再加下一次。
8. 这是完全搅拌好的样子，非常柔顺，没有颗粒。
9. 倒入模具中，震出气泡，冷藏 4 小时以上。
10. 冻好的芝士拿出来脱模。用热毛巾在模具周围围一圈，看到芝士边缘有化开的迹象时，拿掉毛巾，从底部顶出芝士。

095 草莓冻芝士

芝士蛋糕款款是经典，这时候你就需要一款高颜值的草莓冻芝士来提升品位了。方子基本和经典冻芝士的一样，在奶酪部分因为加入了部分新鲜草莓汁，略有改动。

选择差不多大小的草莓。如果是6寸模具，草莓要小一点，对半切开，先在模具周围贴着铺一圈。奶酪中也要加一点草莓，最后再用草莓装饰，一个美美的冻芝士就做好啦！超级美貌呐！

顺便告诉你们一个小秘密，早上吃高热量的甜点，不会发胖哟。

准备材料

消化饼干	80g	装饰草莓	适量	吉利丁片	10g
奶油奶酪	240g	黄油	40g		
淡奶油	130ml	糖粉	60g		
鲜草莓汁	40ml	牛奶	80ml		

制作时间：4 小时

制作方法

1. 消化饼干捣碎，加入化开的黄油搅拌均匀。
2. 铺入模具底部压实。
3. 选差不多大小的草莓对半切开，绕模具铺一圈，放入冰箱冷藏备用。
4. 奶油奶酪室温软化。一定要非常软，软到可以用手指随意戳洞。
5. 奶油奶酪中加入糖粉，用电动打蛋器打至顺滑。软化到位的奶酪打出来是没有颗粒的。
6. 淡奶油和牛奶放入锅中，加入提前泡软的吉利丁片，小火加热，搅拌均匀。注意不要沸腾。
7. 淡奶油溶液分次加入奶油奶酪中。每一次都先用电动打蛋器打发均匀，完全融合之后再加下一次。
8. 完全搅拌好的样子，非常柔顺，没有颗粒。
9. 奶油奶酪中加入鲜草莓汁（有颗粒也没关系），搅拌均匀。
10. 倒入模具中，震出气泡。
11. 冷藏 4 小时以上。
12. 冻好的芝士拿出来脱模。用热毛巾在模具周围围一圈，看到芝士边缘有化开的迹象时，拿掉毛巾，从底部顶出芝士。

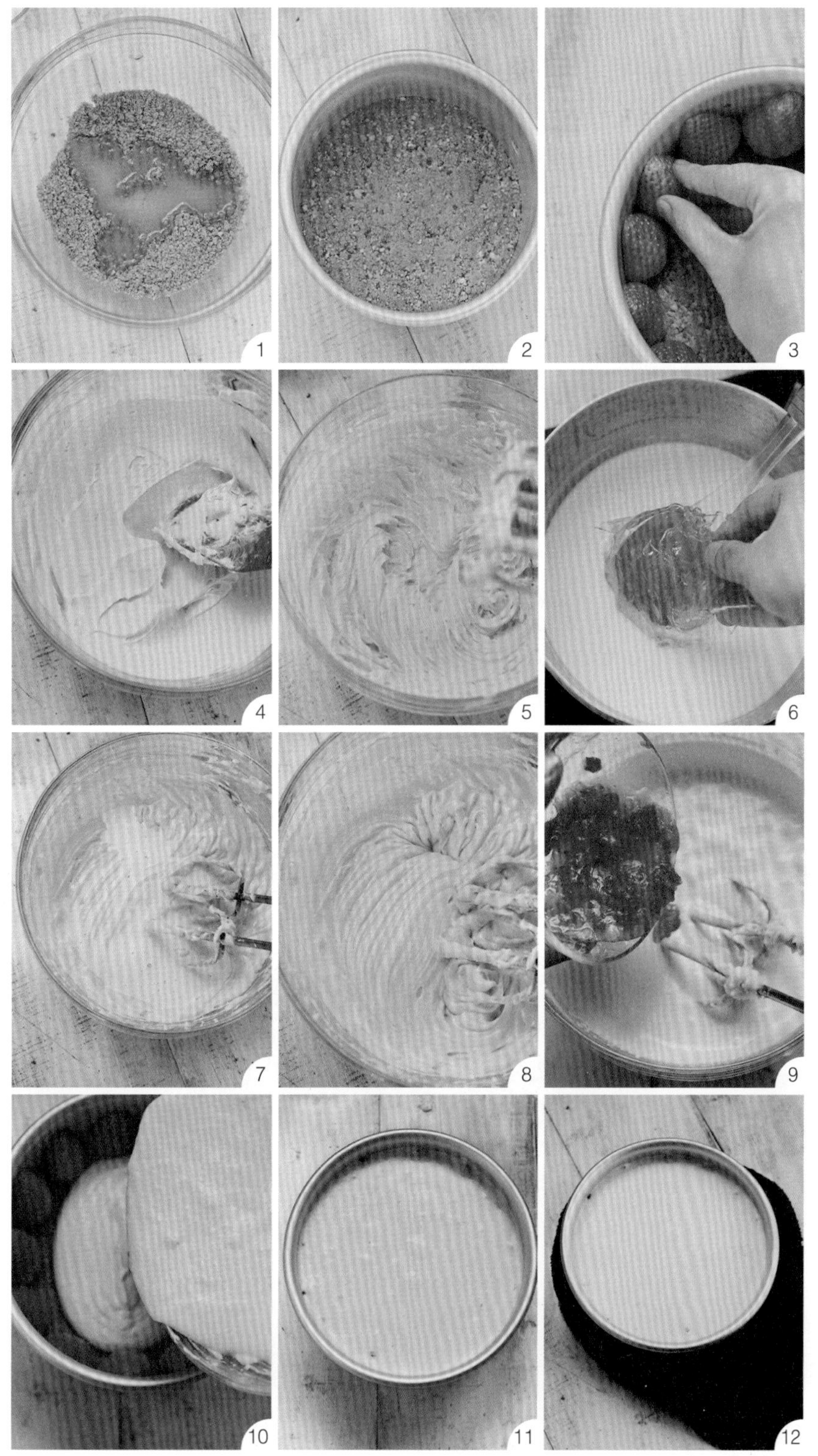
1
2
3
4
5
6
7
8
9
10
11
12

096　镜面樱花冻芝士

芝士英文是*cheese*，法国人唤它为*fromage*，德国人称它为*kaese*，意大利人称它为*formaggio*。

芝士是用牛奶加工出来的高蛋白营养食品，口感软滑细腻，美味停不下来。

制作这款樱花镜面冻芝士的秘诀就是搅搅搅、冻冻冻，号称“懒人版高品位冰甜品”，柔美粉嫩的樱花，心静如水的镜面，清爽冰凉的芝士层，混合进入口中，好好吃！消化饼干层很好地中和了芝士，忍不住一勺一勺再一勺！

准备材料：冻芝士

奶油奶酪 —— 250g
淡奶油 —— 130ml
蛋黄 —— 1 个
白砂糖 —— 50g
吉利丁片 —— 10g
柠檬汁 —— 15ml
牛奶 —— 50ml
消化饼干 —— 80g
黄油 —— 40g

制作时间：4 小时

准备材料：镜面

雪碧 —— 1 瓶
吉利丁片 —— 5g
樱花 —— 适量

制作方法

1. 消化饼干用擀面杖碾碎，加入已化开的黄油，搅拌均匀，铺入模具底部，压实，放入冰箱冷藏备用。
2. 奶油奶酪室温软化到可以用手指随意戳洞，加入白砂糖，搅拌均匀。加入蛋黄，搅拌均匀。加入柠檬汁，搅拌均匀。
3. 淡奶油与牛奶混合，加入提前泡软的吉利丁片，隔水加热，搅拌至化开。
4. 淡奶油溶液倒入奶油奶酪中，搅拌均匀，成为芝士液。倒入模具中，约八分满，震几下消泡，送入冰箱冷藏 4 小时。
5. 制作镜面。雪碧放好气，加入提前泡软的吉利丁片，加热至化开。稍稍放凉备用。
6. 取出冻好的芝士，慢慢倒入镜面液，铺入提前温水泡开的樱花，再放入冰箱冷藏 4 小时以上。

Part 5

甜点类

3 布丁果冻类

097 石榴布丁

石榴是一种浆果，营养丰富，维生素 C 含量比苹果、梨高 1~2 倍。原产于中国西域，汉代传入中原。石榴成熟后全身都可用，果皮可入药，果实可食用或榨汁，有很高的营养价值，对老年人的身体健康大有益。中国传统文化视石榴为吉祥物，将它作为多子多福的象征。今天的方子可以减糖，如果想布丁更顺滑，也可以榨完汁之后过滤一次，不过这样做估计要两只石榴才够啦。

布丁是英国的一种传统食品，由古代用来表示掺有血肠的"布段"演变而来的，今天以蛋、面粉与牛奶为材料制作而成的布丁，是由当时的撒克逊人传授下来的，中世纪的修道院则把"水果和燕麦粥的混合物"称为"布丁"。这种布丁的正式出现是在 16 世纪伊丽莎白一世时代，它与肉汁、果汁、水果干及面粉一起调配制造。17 世纪和 18 世纪的布丁是用蛋、牛奶以及面粉为材料来制作的，一直沿用至今。

准备材料

石榴 ———— 1个
牛奶 ———— 60ml
糖粉 ———— 20g
淡奶油 ———— 40ml
吉利丁片 ———— 6g

制作时间：4小时

制作方法

1. 在石榴的落花处，横切开，拿掉石榴盖，沿着膜瓣的纹路用刀从上往下划开，划4~6刀，用力掰开。
2. 石榴粒放进料理机打碎，打得越碎越好，倒出盛在碗里，沉淀一会儿。
3. 牛奶、淡奶油、糖粉一起放进锅里煮热，加入提前泡软的吉利丁片，搅拌至化开。
4. 将牛奶混合物和石榴汁混合，这时候粉粉的石榴汁颜色就会变得很淡很淡。
5. 混合物倒进杯子里，差不多八分满就行啦。送进冰箱，冷藏4小时以上。
6. 上面撒上石榴粒就可以吃啦。

橘子果冻

金灿灿的秋天带来金灿灿的食物，橘子是最惹眼的。入肺经，主要治胸膈结气、呕逆少食、胃阴不足、口中干渴、肺热咳嗽及饮酒过度，具有开胃、止渴、润肺的功效。橘子营养也十分丰富，一个橘子几乎可以满足人体一天中所需的维生素 C 的量。果皮晒干可入药，也可作香料。橘子中的维生素 A 可以增强人体在黑暗环境中的视力和治疗夜盲症。《本草纲目》中就说陈皮（橘皮）：“同补药则补；同泻药则泻；同升药则升；同降药则降。”秋季干燥，多吃橘子可以抵御秋季干燥的气候，做成橘子果冻也是既好看又好吃呢！橘子酸甜多汁，做成果冻颜色鲜活，仿佛变得更好吃了呢。果冻是以水、白砂糖、卡拉胶、魔芋粉等为主要原料，经溶胶、调配、灌装、杀菌、冷却等多道工序制成的美味食品。由于果冻中含有大量膳食纤维，导致其在人体中的消化非常快。果冻的一大好处就在于它的低能量。它几乎不含蛋白质、脂肪等任何能量和营养素，想减肥或保持苗条身材的人可以放心食用。果冻的生产离不开食品添加剂，虽然它们都是安全的，但小孩子不要多吃。果冻的口感主要由明胶的含量来决定，想要软糯一点的就少放一点，想要弹牙一些的就要多放一点了。果肉可以用糖水煮一下，也可以不煮。橘子原产于中国，由阿拉伯人传遍欧亚大陆，至今在荷兰、德国等国都还被称为“中国苹果”。橘子味甘酸、性温，

准备材料

橘子 —— 2 个　水 —— 250ml

白砂糖 —— 10g　吉利丁片 —— 10g

制作时间：4 小时

制作方法

1. 白砂糖倒入水中，搅拌至化开。
2. 橘子去皮，剥掉橘瓣上的薄皮，保持果肉完整。
3. 另一个橘子肉挤汁。
4. 提前泡软的吉利丁片加入砂糖水中，再加入橘子汁，搅拌至化开。
5. 把橘子肉放入杯子里，倒入砂糖水。也可以把橘子肉和砂糖水放在一起煮一下，这样会甜一点，放入冰箱冷藏 4 小时。

Part 6

花样小点

很多“粉丝”在最初接触挞和派的时候傻傻分不清楚，因为两者外观造型很像。挞和派（*Tart and Pie*）是西点中的一对亲兄弟，可以使用同样的面团来做皮（*sweet short pastry*），不同的是挞模的四边是直的，比派模要浅；派模的四边一般是斜的，要深一些。很多派都有"盖"，而挞常常是敞开式的。派和挞的种类繁多，造型各异，口味也很丰富，是除了蛋糕外比较重要的一类甜点。

Part 6

花样小点

① 派

099 焦香苹果派

简单又好吃的派，人人都爱。冬季的苹果又便宜又好吃，把苹果切丁，炒得焦香焦香的做进派里，用简单的方式就可以呈现它的美味。一整个派不容易吃完，不如这次做一个一个的小派吧，还能玩出新花样。趁热享用，对自己说一声冬天快乐！配方可以做一个6寸、3个4寸，如果要做8寸的，材料加倍即可。

准备材料：派皮

低筋面粉	120g	蛋液	40ml
黄油	55g	盐	1g
白砂糖	30g	糖粉	适量

制作时间：20 分钟

烘烤温度：200℃

准备材料：苹果内馅

苹果	1 个	白砂糖	适量
黄油	适量		

制作方法

1. 低筋面粉中加入黄油、白砂糖和盐，搓散呈肉松状。
2. 加入蛋液，捏成团。
3. 如果沾手，就加一点低筋面粉，量不必太多，能成团即可。成团的派皮裹上保鲜膜，放入冰箱冷藏 1 个小时。

4. 拿出派皮，擀成薄片状。
5. 派皮摊在派盘上，边角处按紧，擀掉多余的皮。
6. 派皮中间用叉子叉孔，机智的我就压了在上面苹果（一般是压石子）。
7. 放进烤箱，180℃烤10分钟。去掉重物，再烤10分钟。

8. 烤派皮的时候，我们来炒个焦香苹果馅。苹果切小丁，锅里下黄油和苹果丁炒至微微焦黄，下白砂糖继续炒至颜色变深，出锅。
9. 派皮烤好之后，填入苹果馅，把刚刚擀派皮剩下的面团，接着擀平切成细条铺在上面，如图所示交叉铺。
10. 我做了两种，一种密一些，一种疏一些，你们按喜好铺吧。
11. 最后在派皮上刷一层蛋液，送入烤箱，200℃烤 20 分钟，至表面金黄。
12. 出炉冷却后撒上糖粉。

100 鬼脸南瓜派

改变了一下酥皮的大小形状，鬼脸南瓜派就诞生了。随手刻的笑脸看着好开心，我的心情也变好了！南瓜派不仅可以做成迷你的样子用冰棒棍串起来吃，也可以做一整个大大的鬼脸和大家一起切着分享，只需要增加一些南瓜馅的分量即可。南瓜派是美国南方深秋到初冬时的传统家常点心，同时也是万圣夜的节庆食品。在万圣节做一份南瓜派是非常应景的，如果想偷懒一点，南瓜馅可以直接用蒸熟的南瓜泥代替，不混合奶油蛋黄等材料，但出来的口感会略有差异。也可以加入肉桂等香料，更多口味等你来创造。

准备材料：派皮

高筋面粉	65g	盐	2g
低筋面粉	65g	白砂糖	20g
黄油	12g	水	65ml

制作时间：20 分钟

烘烤温度：180℃

准备材料：南瓜内馅

蒸熟的南瓜泥	100g	蛋黄	10g
白砂糖	15g	鲜奶油	10ml

制作方法

1. 黄油室温化开，和除蛋液之外的其他余材料一起混合揉成团。
2. 裹上保鲜膜，放进冰箱冷藏 1 个小时。
3. 南瓜内馅材料混合。
4. 取出冷藏好的面团，擀成薄皮，画出鬼脸和爱心的形状，用小刀刻出来。每一个派需要两面，把没有刻的面皮放在下面，压上冰棒棍。再放一勺南瓜馅。
5. 把刻了鬼脸的一面面皮放在南瓜馅上，用手把上下两面的面皮捏紧，再用叉子在边缘压一圈。
6. 表面刷一层蛋液，送入烤箱，190℃烤 10 分钟，再转 180℃烤 20 分钟。

101 培根咸派

咸派呢，就是法国人的家常菜，类似意大利比萨，通常会搭配沙拉和汤一起作为午餐或晚餐，或者是带到附近的咖啡店、烘焙坊。法式咸派便利、简单，不管是外出旅游、阅读、喝咖啡还是招待客人，都相当适合。法式咸派没有上层派皮，可以归类为开放式馅饼，通过番茄切片或派边馅料装饰。今天的培根咸派以煮烂打成泥的土豆为主，混入培根碎、洋葱碎、芝士、黑胡椒，整个内馅粘糯不失口感。开放式咸派比较随意，可以加入手边的任意材料，想吃土豆可以多加土豆，想吃芝士可以多加芝士，就是这样任性。

准备材料：派皮

低筋面粉 —— 200g　黄油 —— 100g

蛋黄 —— 16g　水 —— 48ml

制作时间：40 分钟

烘烤温度：170℃

准备材料：培根内馅

洋葱、土豆、培根、黑胡椒粉、盐 —— 各适量

制作方法

1. 黄油切粒，室温软化后加入低筋面粉，搓成肉松状。蛋黄与水混合成蛋黄糊，倒入低筋面粉，搅拌均匀成团，放入冰箱冷藏半小时。
2. 冷藏好的面团，拿出来分成两半，分别擀成圆形，用叉子在中间部分戳一些孔。
3. 做馅料。土豆切粒，煮熟，压成土豆泥。培根、洋葱切片，下锅炒出油水。
4. 洋葱、培根和土豆泥混合，加入芝士、黑胡椒粉和盐，搅拌均匀。
5. 把馅料铺在派皮上，只铺中间一部分，然后把派皮包起来。
6. 包好的派如图。今天可以包两只。送入烤箱，170℃烤 40 分钟。

Part 6

花样小点

② 挞

102 无花果挞

每年秋天都要用无花果来做甜点，这个酸酸甜甜、软糯可爱的小青果啊，真讨人喜欢，是我心目中的第一颜值水果。熟透了的无花果，洗净之后可以连皮一起吃，所以做甜点时我没有剥皮。今天的无花果挞不仅仅是用无花果作装饰，还有小心机藏在内馅里哦。冷藏之后，口感就变得奇妙起来了，是我很喜欢的既清新又好吃的甜点。无花果树最早记载于《旧约·圣经》创世纪三章七节，亚当、夏娃曾以其叶制作围裙之用。此树须经多年培植始见结果茂盛，其树干高约 3 米，也有高达 6 米的。夏季叶密，荫浓凉爽，秋天结果，为犹太人的重要食品，亦有治病之功效。我们食用的无花果，实际上是它的花的部分，内部都是花蕊。无花果具有很高的药用价值，健胃清肠，消肿解毒。无花果颜值都非常高，因为上市期短，所以我也很喜欢把它做成果酱备用。

制作时间：15 分钟

烘烤温度：180℃

准备材料：挞皮

低筋面粉——110g
糖粉——30g
无盐黄油——55g
盐——1g
蛋液——20ml

准备材料：卡仕达酱

蛋黄——1 个
白砂糖——20g
玉米淀粉——20g
牛奶——130ml

准备材料：无花果内馅

无花果——3~4 个
白砂糖——20g

制作方法

1. 黄油室温软化至可以用手指戳洞，筛入所有粉类，用手揉搓成松散的肉松状，加入蛋液，揉成团，盖上保鲜膜，送入冰箱冷藏 1 个小时。
2. 冷藏好的挞皮取出来擀成薄皮，覆在挞盘上，用擀面杖擀掉多余的皮。
3. 用叉子在挞底叉些洞。
4. 用锡纸盖住挞底，在中间放上重物压住，放进烤箱，180℃烤 15 分钟至酥脆。

5. 准备卡仕达酱材料。
6. 所有材料混合，倒入锅里小火熬煮，期间需要不停地搅拌，因为卡仕达酱很容易粘锅，煮到浓稠但还带点稀稀的状态时关火，不停搅拌，直到冷却。
7. 装入裱花袋，冷藏半小时以上。
8. 制作无花果内馅。无花果洗净，切丁，加入白砂糖，放入小锅熬煮至黏稠。我保留了一些颗粒感。
9. 制作好的无花果内馅，先薄薄铺一层在挞壳里。
10. 取出冷藏好的卡仕达酱，裱花袋剪一个小口，在无花果内馅上挤出卡仕达酱。
11. 然后用小勺子把酱抹平，方便进行下一步，也是为了好看。
12. 最后在卡仕达酱上铺上新鲜的无花果切片。我做了三种不同的造型：四瓣，十一瓣，平切片，尝试了几个造型，最后点缀一根迷迭香。

103 蛋白霜柠檬挞

柠檬为主角的超美味甜点，没有花哨的装饰和复杂的技巧，天然质朴的外貌与清爽鲜香的味道，酸爽又不失浓郁，少量的蛋白霜饼干作为装饰品，让甜点立马美上天。柠檬挞的酥脆和酸甜，让很多人在吃过第一口后便忘不了。蛋白霜柠檬挞在西方是很常见的一道甜点，各个咖啡店、餐厅都有自己独特的配方。有人喜欢浓稠一点的柠檬馅，也有人喜欢稀一点的，这主要是看个人喜好了。

制作时间：15 分钟

烘烤温度：180℃

准备材料：挞皮

低筋面粉 —— 135g
蛋液 —— 15ml
黄油 —— 75g
糖粉 —— 25g
柠檬 —— 1 个

准备材料：柠檬内馅

柠檬 —— 1 个
白砂糖 —— 60g
淡奶油 —— 30ml
蛋液 —— 25ml
黄油 —— 50g
蛋黄 —— 2 个。

准备材料：蛋白霜饼干

蛋白 —— 70ml
糖粉 —— 90g

制作方法

1. 黄油室温化开，加入蛋液，筛入低筋面粉和糖粉。
2. 揉成面团，冷藏半小时。
3. 擀成薄片，放入挞模中，擀掉多余的皮。用叉子叉出小孔，压上重物放入烤箱，180℃烤 15 分钟，取出晾凉备用。
4. 柠檬刮下外皮，不要白色部分。榨汁。
5. 制作柠檬内馅。除黄油外，其他材料混合，搅拌均匀。
6. 隔水加热，边加热边搅拌，直到馅料变浓稠，关火。

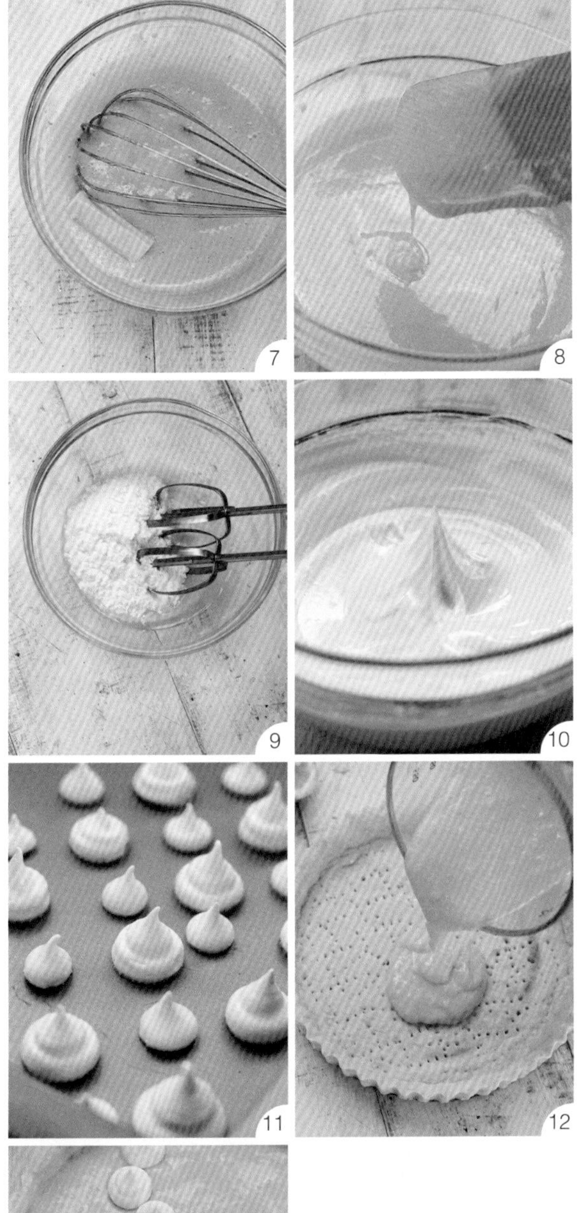

7. 黄油小块小块地加入其中，搅拌至化开。
8. 追求口感的话，可以把馅料过一次筛，会更顺滑。做好的柠檬内馅如图所示，放凉备用。
9. 制作蛋白霜饼干。所有材料混合，搅拌均匀。
10. 高速打发至可以拉起直角。
11. 用裱花袋挤出如图所示小圆角，100℃烤 2 小时至烤干。
12. 柠檬馅放凉之后倒入挞皮中。
13. 烤好的蛋白霜饼干，放在柠檬馅料上，最后用柠檬片和柠檬皮做装饰，一个清新高颜值的甜点就完成啦。吃不完可以冷藏保存哦。

104 奇异果挞

冬季可用的水果还真不少，颜值第一高的当然是草莓，第二高的就是奇异果了。奇异果颜色亮丽，维生素含量丰富，前一天吃得太油腻，第二天都会选择水果挞作为甜点。快手的迷你挞三只，做法和之前的无花果挞一样。

准备材料

低筋面粉 —— 110g　蛋液 —— 20ml

黄油 —— 55g　糖粉 —— 30g

 制作时间：15 分钟

 烘烤温度：180℃

制作方法

1. 黄油室温软化至可以用手指戳洞，筛入低筋面粉和糖粉。
2. 用手揉搓成松散的肉松状，加入蛋液，揉成团，盖上保鲜膜，送入冰箱冷藏 1 个小时。

准备材料：卡仕达酱

玉米淀粉 —— 20g　白砂糖 —— 20g

蛋黄 —— 1 个　牛奶 —— 20ml

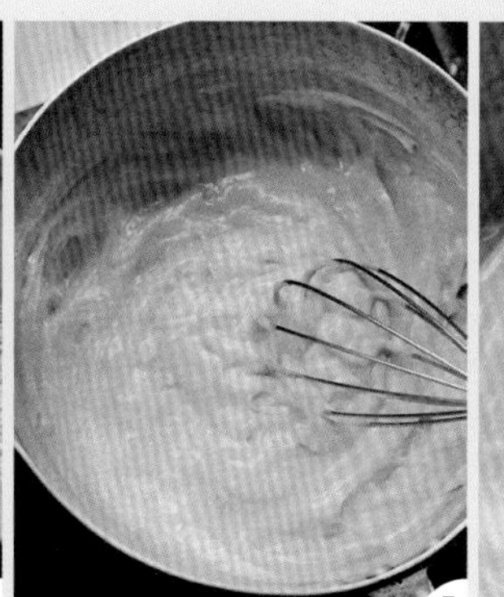
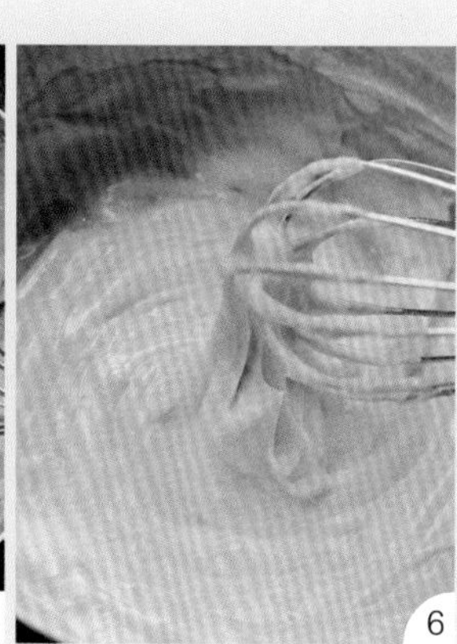

3. 所有材料混合，加入锅里，小火熬煮。

4. 期间需要不停地搅拌，因为卡仕达酱很容易粘锅。

5. 煮到浓稠但还带点稀稀的状态时关火，不停搅拌。

6. 冷却后装入裱花袋，冷藏半小时以上。卡仕达酱的状态比较难掌握，可以小火多试几次。

准备材料：奇异果酱

奇异果丁 —— 适量　白砂糖 —— 10g　玉米淀粉 —— 10g

7. 所有材料混合。

8. 取出挞皮，擀成薄皮，覆在挞盘上，用擀面杖擀掉多余的皮，用叉子在挞底叉些洞，用锡纸盖住挞底，在中间放上重物压住，送入烤箱，180℃烤 15 分钟至酥脆。

9. 冷却后先放奇异果酱，再挤卡仕达酱，抹平。

10. 最后用奇异果片做装饰。

Part 6

花样小点

③ 酥类中式点心

105 原味蛋黄酥

蛋黄酥作为一种中式点心，有千层外酥皮，清甜的豆沙，奶香四溢的蛋黄，小巧可爱，皮薄馅多，还不腻。蛋黄酥传承自苏式月饼，在做法上和苏式月饼有很多共同之处，在内馅方面有所改良，所以我说蛋黄酥其实是叫“蛋黄酥式月饼”，这样一说就很明白了。

在今天的方子里，我用黄油代替了猪油，除去因为使用黄油，起酥没法像猪油那么完美以外，其余的都超顺利，跟着我一起做起来吧！

准备材料

低筋面粉	270g	蛋糕	适量
黄油	113g	糖粉	30g
咸蛋黄	16 个	水	60ml
红豆沙	适量	芝麻	适量

 制作时间：30 分钟

 烘烤温度：170℃

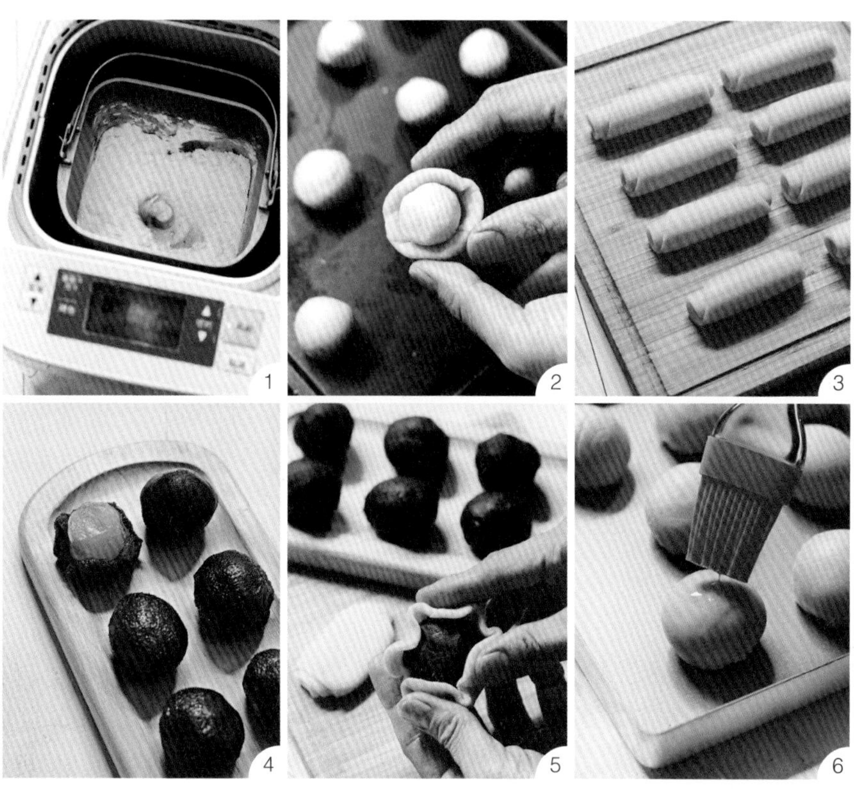

制作方法

1. 把油皮材料(低筋面粉 150g，黄油 53g，糖粉 30g，水 60ml)放进面包机，打出筋。油酥部分(低筋面粉 120g，黄油 60g)揉成团即可，盖上保鲜膜，放置半小时。
2. 油皮和油酥分别分成 16 份，揉成小团，松弛一会儿，然后用油皮包住油酥，收口成小团，松弛一会儿。
3. 松弛好的油皮油酥面团，擀成舌形，然后从上往下卷起来，如图所示。这是第一次卷好的面团，先松弛一会儿，然后再擀再卷，重复一遍上面的动作，让面团层次更丰富。
4. 搓内馅。红豆沙均分成 16 份，每份红豆沙包住一个蛋黄，搓成小圆球。
5. 松弛好的面团压一下，叠三叠，擀平，包住红豆沙球，收口。
6. 在顶部刷一点蛋黄液，撒上芝麻，170℃烤 30 分钟，移出冷却。

106

抹茶蛋黄酥

传统的苏式月饼能被我们广大吃货群众改成蛋黄苏式月饼。再来说说抹茶这个烘焙里的高颜值小清新。什么甜点有了它，立马就好看得不行了。在原来蛋黄酥的方子里，我加入6g左右的抹茶粉来上色，出来的成品既有抹茶的颜色，口感上也没有受太多影响。如果你想吃到更浓的抹茶味儿，可以加双倍的抹茶粉，这样成品颜色会深很多。没关系啦，开心就好。给家人亲手制作无添加剂的抹茶蛋黄酥，看着小绿团子从素颜到变得美美的，也是心花怒放呢！

准备材料

低筋面粉	270g	蛋糕	适量
黄油	113g	白芝麻	适量
抹茶粉	6g	糖粉	30g
咸蛋黄	16g	水	60ml
红豆沙	适量		

制作时间：30 分钟

烘烤温度：170℃

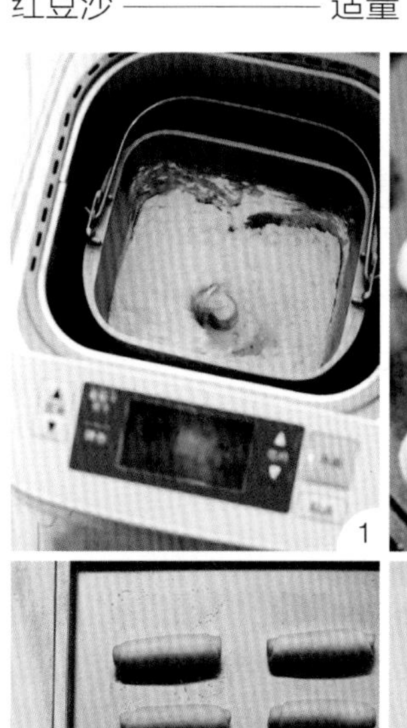
1

2

3

4

5

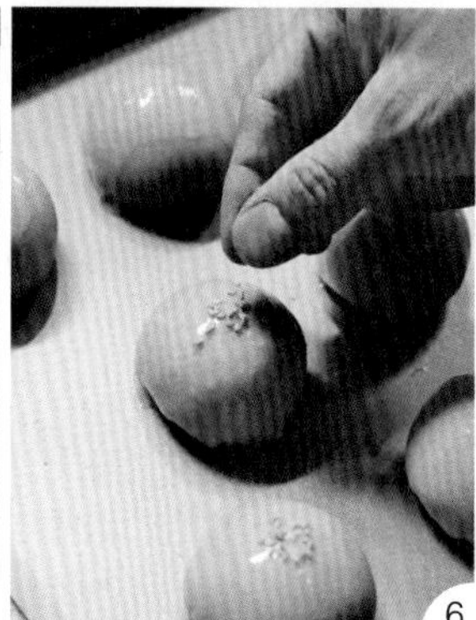
6

制作方法

1. 把油皮材料(低筋面粉 150g，黄油 53g，抹茶粉 6g，糖粉 30g，水 60ml)放进面包机，搅打出筋。油酥部分(低筋面粉 120g，黄油 60g)揉成团即可，盖上保鲜膜，放置半小时。放置好的油皮和油酥分别分成 16 份。
2. 分别揉成小团，松弛一会儿，然后用油皮包住油酥，收口成小团，松弛一会儿。
3. 松弛好的油皮油酥面团，擀成舌形，然后从上往下卷起来。
4. 这是第一次卷好的面团，先松弛一会儿，然后再擀再卷，重复一遍上面的动作，让面团层次更丰富。
5. 搓内馅。红豆沙均分成 16 份，每份红豆沙包住一个蛋黄，搓成小圆球。松弛好的面团压一下，叠三叠，擀平，包住豆沙球，收口。
6. 在顶部刷一点蛋液，撒上芝麻，送入烤箱 170℃烤 30 分钟，移出冷却。

Part 6 花样小点

107　凤梨酥

凤梨酥相传起源于三国时期。闽南话凤梨的发音为“旺来”，象征子孙旺旺来的意思；而凤梨亦是中国台湾人拜拜常用的贡品，在中国台湾婚礼习俗中亦深受民众喜爱。凤梨酥的内馅并不只有菠萝，为了口感需要，通常会添加冬瓜。中国台湾市面上可以买到加了五谷杂粮、松子、蛋黄、栗子等不同口味的凤梨酥。饼皮也加入燕麦等食材，口感更为多元，后来更演变为结合西式派皮与中式凤梨馅料所制成的现代“凤梨酥”。由于外皮酥松化口，内馅甜而不腻，连西方人也赞赏有加，故逐渐成为岛外观光客最喜欢的伴手礼之一。今天的凤梨酥，我只用凤梨来入馅，所以口味醇厚，值得一试。

准备材料：酥皮

低筋面粉——200g
高筋面粉——100g
去皮凤梨——600g
麦芽糖——35g
杏仁粉——30g
奶粉——30g
黄油——220g
鸡蛋——1个
白砂糖——60g
盐——2g

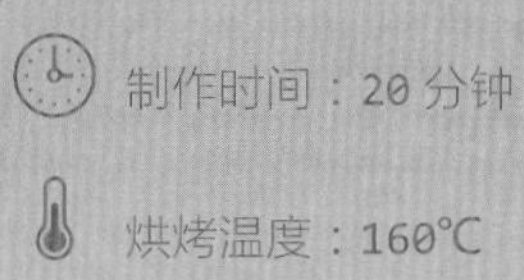

制作时间：20分钟
烘烤温度：160℃

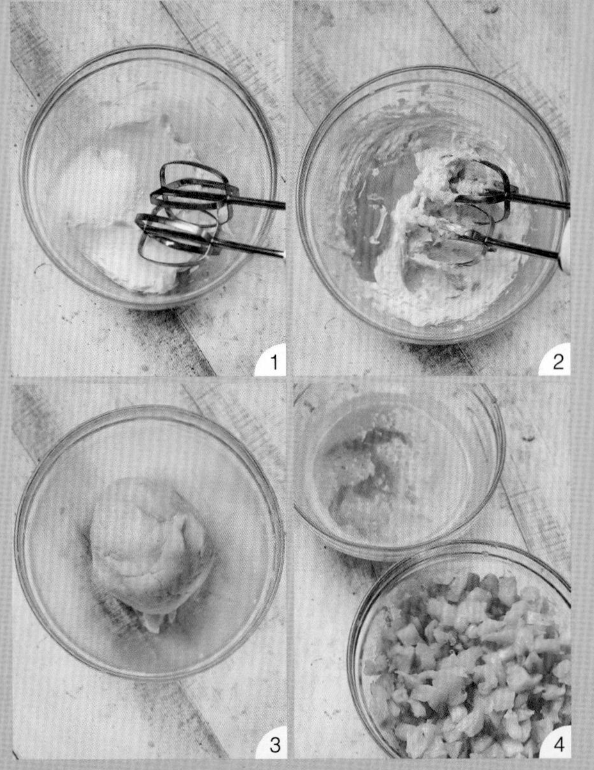

制作方法

1. 用黄油220g，白砂糖20g，盐2g，鸡蛋1个，低筋面粉200g，高筋面粉100g，奶粉30g，杏仁粉30g，制作酥皮。黄油室温软化，加入白砂糖和盐，打至变白变膨胀。
2. 分次加入蛋液，打至完全融合。
3. 所有粉类混合过筛，加入黄油糊中，揉成团。覆上保鲜膜，松弛半小时。
4. 根据凤梨酥模具来取皮和馅。一开始掌握不好皮馅比例，可以少包点馅。我的模具是5cm×3.8cm，所以馅12g，皮18g，就像包汤圆那样包起来即可。

5. 用去皮凤梨 600g，白砂糖 40g，麦芽糖 35g，制作凤梨馅。凤梨去皮，切成小块。用纱布包住凤梨块，过滤出凤梨汁。
6. 凤梨块放入锅中，加白砂糖，小火熬煮，直到水分析出。期间需要不断地搅拌，以防粘锅。
7. 待到凤梨块越来越干的时候，加入麦芽糖，炒至金黄。
8. 取出放凉备用。
9. 放入模具中，压实。铺入烤盘，160℃烤 20 分钟。
10. 中间需要翻面。

108 紫薯酥

层层叠叠的紫薯酥，紫色的酥皮一碰就碎，美丽不可方物。

紫薯富含维生素和多种营养素，不管是放进面包里还是中式点心里，都很棒。

准备材料：水油皮

中筋面粉 —— 150g
猪油 —— 110ml
白沙糖 —— 23g
水 —— 63ml

制作时间：30 分钟
烘烤温度：180℃

准备材料：油酥

低筋面粉 —— 120g
紫薯粉 —— 15g
猪油 —— 110ml

准备材料：内馅

豆沙馅或紫薯馅 —— 适量
咸蛋黄 —— 16 个

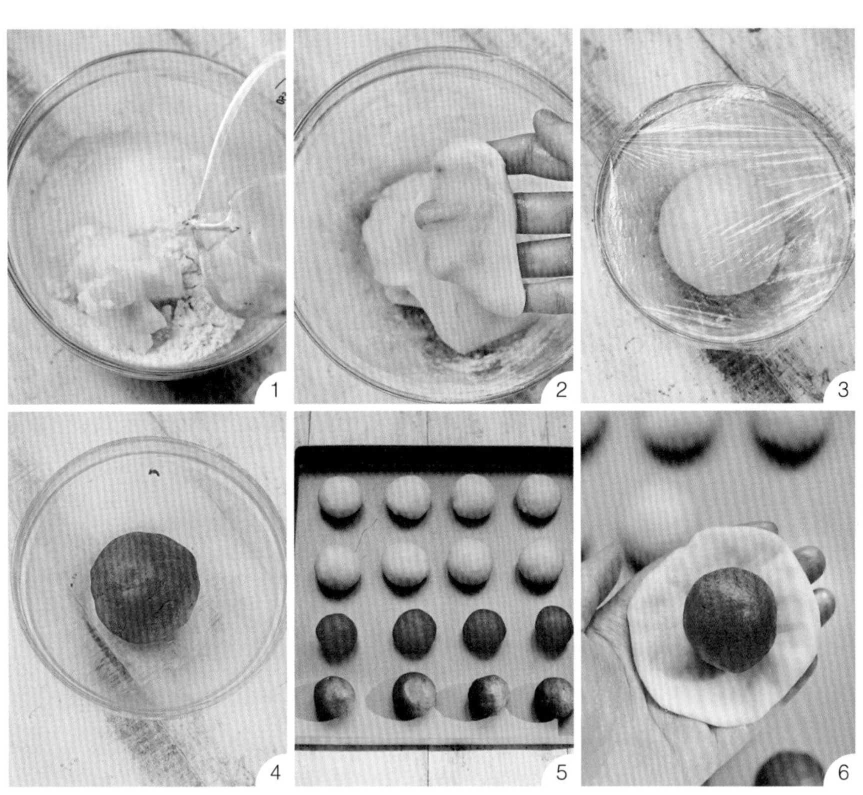

制作方法

1. 水油皮所有材料混合。
2. 揉半小时左右，至可以拉出薄膜。
3. 覆上保鲜膜，松弛半小时。
4. 油酥所有材料混合，揉成团。
5. 把水油皮面团和油酥面团各自等分成 8 份。
6. 把水油皮面团擀开，包住油酥面团。

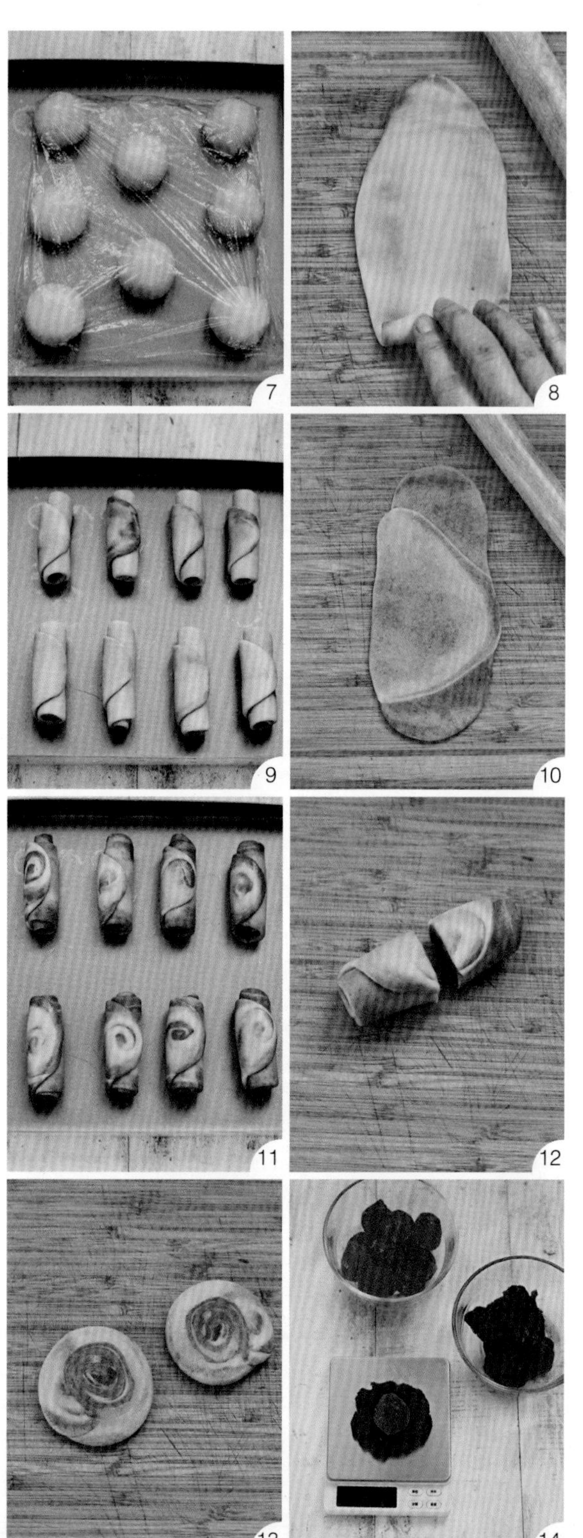

7. 收成一个球。覆上保鲜膜，松弛 10 分钟。
8. 把球形面团擀成薄长条形。
9. 从一端开始卷成卷，覆上保鲜膜，松 10 分钟。
10. 取出接着纵向擀开。
11. 从一端开始卷成卷。覆上保鲜膜，松弛 10 分钟。
12. 松弛好的卷，从中间切开，一分为二。
13. 切面朝上，用手压扁。
14. 制作内馅。豆沙馅包住咸蛋黄，40g 一个。

15. 滚圆，备用。

16. 压扁的紫薯皮，用手捏成中间厚边缘薄的薄皮。

17. 花纹清晰的那面朝外，包住豆沙馅。

18. 收口成圆球形。

19. 铺入烤盘，180℃烤 30 分钟。完全放凉后，再移出烤盘。

109　蝴蝶酥

蝴蝶酥是一款流行于德国、西班牙、法国、意大利、葡萄牙等地的经典西式甜点，因状似蝴蝶而得名。现在已为中式点心吸收。其口感松脆香酥，香甜味美。

夏天制作时，因为油很软，每次折叠之后都要把面团放入冰箱进行松弛。还需要用冰水来和面团。我觉得春秋季做这种点心比较合适，放在室温下松弛也不会有问题。如果有时间，最后一次松弛的时间长点会更好。如果一次烤不完，可以用保鲜膜把面片包好放在冰箱里冷藏一周，或直接冷冻也行。烤之前不需要解冻，直接切片、烤制。

准备材料

低筋面粉	62g	白砂糖	3g
高筋面粉	62g	盐	2g
黄油	12g	水	65ml
黄油（裹入）	80g		

制作时间：20 分钟

烘烤温度：200℃

制作方法

1. 黄油隔水化开，加入除裹入用黄油之外的其余材料。
2. 混合成团，覆上保鲜膜，放入冰箱冷藏 1 个小时。
3. 把裹入用黄油用保鲜膜包好，擀成薄方片。
4. 拿出冷藏好的面团，擀成大圆片，放入擀好的黄油片。
5. 左右折起来。
6. 上下折起来。

7. 折好之后擀成长条形。
8. 由上往下，折三折。
9. 折好之后如图所示，裹上保鲜膜，放入冰箱，冷藏 15 分钟。
10. 再拿出来擀成长条形，折三折。
11. 重复上述动作三次。重复的次数越多，酥皮的层数就越多。
12. 切成长方状。
13. 刷一层水。
14. 撒一层白砂糖。

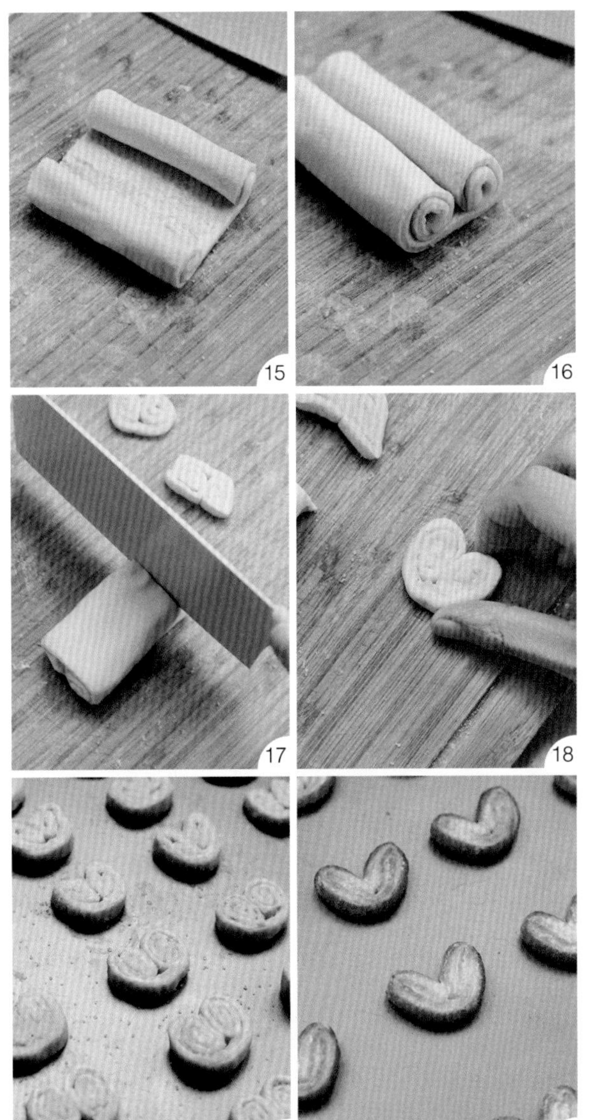

15. 从两端往里面卷。
16. 卷紧。
17. 切成大约 1cm 厚的片状。
18. 切完之后有点变形，可以用手塑一下形。
19. 铺入烤盘。
20. 送入烤箱，200℃烤 20 分钟。

110 核桃酥

以干、酥、脆、甜的特点闻名全国的桃酥，其实和桃子没有半毛钱关系。相传在唐宋时期，景德周边县的农民纷纷前往景德做陶工。当时有一位乐平农民，将自家带来的面粉搅拌后直接放在窑炉表面烘烤。因其有食桃仁止咳的习惯，故在烘烤的时候会加入桃仁碎末。其他陶工见此法做的干粮便于日常保存和长途劳作时食用，便纷纷仿效，为之取名“桃酥”。后来在江西乐平一带，被百姓当做逢年过节招待来客的糕点。传统桃酥的制作需要使用臭粉，作为膨松剂，它可以在短时间内释放大量气体，使桃酥的表面出现裂纹，但臭粉较难保存也不易购买，所以我们家庭制作桃酥都会用泡打粉和小苏打来替代。桃酥的种类其实相当多，有我们所熟悉的宫廷桃酥，也有五仁香酥、瓜子酥、花生酥、芝麻酥、瓜子瓦片等系列。

中华人民共和国成立初期，中国人逢年过节走亲访友都会送上一包桃酥，一斤为一包。包时很讲究，里外三层，里层为晒干的荷叶，第二层为厚草纸，再用黄纸或白纸缚外，上面贴张印花，像是当今的商标。又酥又甜的桃酥香气诱人，那种滋味只有亲身吃过了才会体会！不如下次送礼送桃酥？

准备材料

低筋面粉 —— 130g
核桃面碎 —— 适量
色拉油 —— 30ml
蛋液 —— 30ml
黄油 —— 30g
泡打粉 —— 5g
糖粉 —— 60g
盐 —— 3g
黑芝麻 —— 适量

制作时间：20 分钟
烘烤温度：180℃

制作方法

1. 取一半的面粉放入烤盘中摊开入烤箱，用 180℃烤 15 分钟，至面粉微微变黄并且有面粉的熟香味，取出晾凉。
2. 把烤过的面粉和剩下的各种粉类混合均匀，加入室温软化的黄油和色拉油，用手揉搓，使黄油和色拉油与各种粉类融合，直至变成松散的肉松状。
3. 加入蛋液，搅拌成松散的面团。
4. 核桃放入烤箱，180℃烤 10 分钟，放凉切碎，然后加入面团中，揉成圆形面团。
5. 裹上保鲜膜，室温松弛半小时。
6. 取出面团，分成小份。我是按每份 25g 分的。逐一揉圆，按扁，在中间撒少许黑芝麻，还可以刷蛋液。送入烤箱，180℃烤 20 分钟。

饭饭的私房小食

目录

玫瑰棒棒糖

制作时间：30 分钟

把一整朵玫瑰花锁在棒棒糖里送给心爱的TA吧，自己动手制作，甜甜蜜蜜到心里。建议用棒棒糖模具制作，我这个替代模具做出来稍微有些大，但是也正好能包住一整朵玫瑰花，所以小伙伴们可以根据自己的需求选择模具哈。糖浆在倒入模具时容易凝固，再次加热即可，只是出来的颜色会偏黄。里面不止可以放玫瑰花，樱花呀、三色堇呀，或者各种闪闪的糖珠也都可以放在里面哦。

准备材料

干玫瑰花 —— 适量
水 —— 20ml
珊瑚糖 —— 200g

制作方法

1. 用温水把干玫瑰花泡开。我留了几朵整朵的，把剩下的花瓣单独扯下来了。
2. 用厨房纸巾吸去花瓣多余的水分，铺入模具中。
3. 然后盖上盖子。
4. 珊瑚糖和水放入锅中，小火熬煮至 165℃关火，需要用温度计测量。
5. 熬好的糖浆立马放到湿毛巾上降温 10 秒钟，这个过程糖浆里的泡泡会消失。
6. 然后倒入模具中。

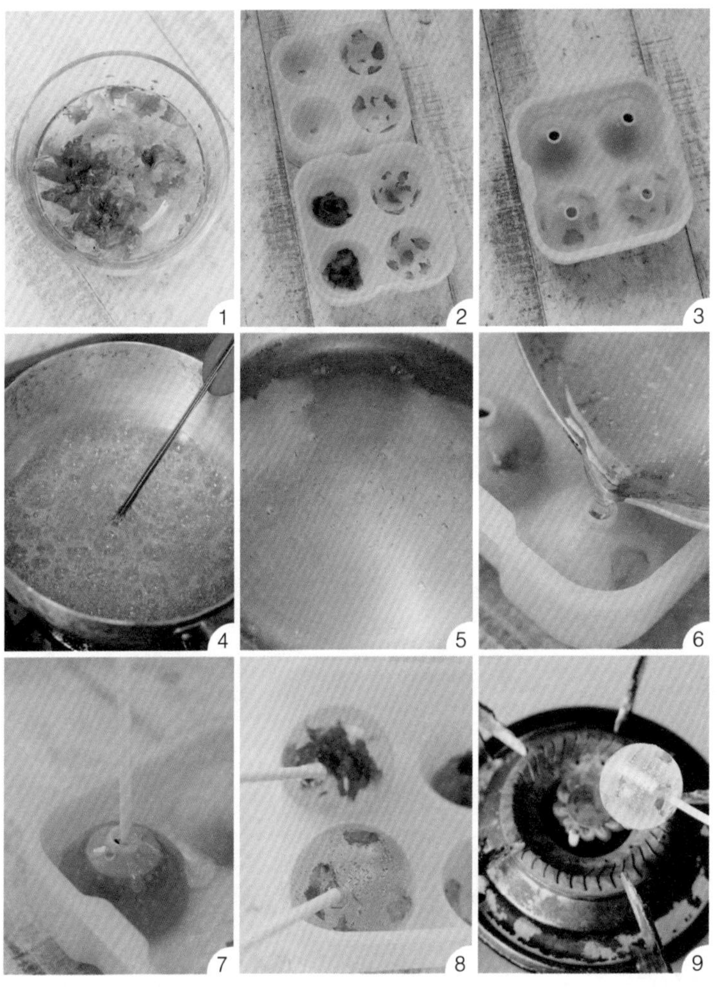

7. 插上棍子。如果糖浆冷却了，再加热即可。

8. 放入冰箱冷藏半小时，就可以脱模了。棒棒糖刚脱模下来的时候，会有些许气泡。

9. 有火枪的话就用火枪喷一下。没有火枪，拿着棒棒糖靠近灶台的小火，快速转圈均匀受热，气泡也会慢慢烤掉，稍微凝固之后就是透明的棒棒糖啦。

棉花糖

超市里随处可见的棉花糖，在家也能制作了！步骤简单，成就感爆棚，不敢相信如此萌物出自自己之手！使用的水饴就是浅色麦芽糖。麦芽糖依照制作过程与色泽的不同，有水饴、朱饴等不同名称，差别在于制作时的温度不一样，软硬等就会不同，温度越高，麦芽糖就会越硬。麦芽糖是用树薯粉加热水发酵而成，颜色较淡的，被称为水饴，比较适合用作糕饼的添加剂；颜色呈现朱红色者，则被称为朱饴，适合作为烤鸭、爆米花的原料。今天制作的棉花糖用到的就是浅色的麦芽糖，也就是水饴。

准备材料

水饴	94g	白砂糖	94g	水	42ml
蛋白	54g	吉利丁片	10g	玉米淀粉	适量

制作方法

1. 蛋白加 20g 白砂糖打至硬性发泡，就是完全能拉出直角的样子。吉利丁片提前用冷水泡软。
2. 水饴、水和剩余白砂糖放入锅里小火加热至 118℃，要用温度计测量。加热时不需要搅拌。到 118℃之后加入泡软的吉利丁片，搅拌至化开。
3. 水饴溶液一点点加入打发好的蛋白中，边加边打发蛋白，直至溶液完全加完，和蛋白混合均匀。
4. 打发好的蛋白装入裱花袋中。
5. 在烤盘上铺上玉米淀粉（或低筋面粉），用鸡蛋的一头按一下，按出一个小洞，在小洞上挤入蛋白。
6. 将蛋白自然晾干，就是棉花糖坯，完全干透后在玉米淀粉上扑几下，筛掉多余淀粉，就好啦。

海盐玫瑰牛轧糖

制作水饴版本的牛轧糖，一次更全面地认识牛轧糖的过程。甜甜蜜蜜的滋味就是牛轧糖，加入了玫瑰花瓣碎的糖体看起来更让人喜欢，点缀在表层的少许海盐给牛轧糖带来些许咸味，有点像爱情的味道吧。

准备材料：水饴部分

白砂糖 —— 90g

水 —— 35g

水饴 —— 100g

准备材料：蛋白部分

蛋白 —— 25g

白砂糖 —— 5g

黄油 —— 25g

奶粉 —— 38g

花生 —— 150g

干玫瑰 —— 40朵

制作方法

1. 蛋白部分的材料混合，用电动打蛋器打至硬性发泡。
2. 水饴部分材料混合加热至145℃。
3. 然后边打发蛋白，边加入水饴溶液，直至完全加完。
4. 最后呈黏稠状态。
5. 黏稠蛋白体加入化开的黄油，继续打至融合。
6. 换刮刀，加入奶粉，搅拌均匀。
7. 花生仁提前放入烤箱，100℃烤热并保温。干玫瑰花去蒂和芯，加入，继续搅拌均匀。
8. 铺入刷了油的烤盘上。
9. 用擀面杖擀平。
10. 连油纸一起倒扣，从烤盘上脱模，用刮板塑形成方形。
11. 在表面撒上少许玫瑰花瓣碎和海盐，略微按压一下，再用擀面杖擀平。然

后等待变干。

12．干了之后，左手用刮板压住糖体，右手用菜刀前后拉扯着切。

13．切出漂亮的切面。

14．再用同样的方法把刚切好的长条切成一小段一小段的。

15．做好的牛轧糖正面有很好看的玫瑰色，侧面是花生碎。可以用油纸或糯米纸包起来保存。

豪华坚果牛轧糖

牛轧糖泛指由烤果仁和蜜糖制成的糖果，分软硬两种。它的英文为Nougaq，音译过来为“牛轧”，但其实和牛没有半毛钱关系！软的是以蛋白制成的白色牛轧糖；硬的以焦糖制成，为咖啡色，口感坚硬带脆。

准备材料

杏仁、花生、核桃、腰果 —— 各 60g　黄油 —— 83g

奶粉 —— 176g　棉花糖 —— 250g

蛋白 —— 25g

制作方法

1. 杏仁、花生、核桃、腰果各 60g，平铺在烤盘里，100℃烤 15 分钟至烤熟。
2. 然后切碎，大小随你的喜好而定，切的时候坚果油香就出来了。
3. 平底锅烧热，先倒入黄油化开。黄油化开后倒入棉花糖，小火煮至棉花糖全部化开，期间注意搅拌，不要糊锅哦。
4. 棉花糖全部化开后，倒入奶粉，搅拌均匀。
5. 手捏棉花糖糊，不粘手的时候加入切碎的坚果。想要硬一点的牛轧糖，就多加热一会儿。
6. 搅拌均匀之后离火，倒入烤盘里塑形，厚度根据自己喜好来定，等冷却后就移出烤盘，切条。

蜜桃凤梨果酱

制作时间：4 小时

我还记得小时候立秋吃桃，把桃核留下，到冬天扔进火炉里烤，把表层烧尽，取桃仁吃。因此记忆里立秋吃桃这件事特别清晰。远离家乡后虽然不怎么做这件事了，但是立秋时一定会做和桃子相关的事。比如今天我起大早熬了蜜桃凤梨果酱，蜜桃的水润与凤梨的香气弥漫了整个厨房，熬好装罐，只是放在那里，已经令人身心愉悦。作为进补担当的果酱，浓缩果之精华。制作果酱是一种可以长时间保存水果的方法。我忍不住挖了桃酱拌冰淇淋来吃，你还可以拌酸奶、涂吐司，用法不要太多哦。

准备材料

蜜桃	700g	凤梨	300g
柠檬	1个	白砂糖	300g

制作方法

1. 蜜桃丁和凤梨切丁混合，加白砂糖，挤入柠檬汁。
2. 将水果混合物搅拌均匀，裹上保鲜膜，放入冰箱冷藏4小时以上。拿出来，可以看到腌制出的汁。
3. 放入锅内，小火熬煮，筛去浮末。熬煮过程中，要不时地搅拌，以免粘锅。
4. 罐子用热水煮过，倒扣放凉，把熬煮好的果酱趁热装入罐子中，盖紧盖子。
5. 倒扣，酱成。

葡萄果酱

制作时间：4 小时

果酱是把水果、糖及酸度调节剂混合后，用超过 100℃的温度熬制而成的凝胶物质。法文的果酱是 *Confiture*，选择当季水果和就地取材就是法式作风。*Confit* 这个词是腌渍的意思，法式果酱的制作过程就是先腌渍，第二天再熬煮。今天就来个法式作风。选了巨峰葡萄来熬果酱，使用柠檬汁和糖来腌制，无任何添加剂。因为果酱用了比较多的糖来熬制，再加上最后装罐用了真空处理，所以没开封的情况下常温可以保存半年，开封的话可以放在冰箱里冷藏一个月。同样的方法可以用来熬很多不同类型的果酱，以 1000g 水果为例，比较甜的水果，含糖量差不多是 300g，比较酸的水果，含糖量可以增至 500g。秋季的水果非常多，可以选择一部分做成果酱封存起来，平时涂抹吐司或者做夹心饼干，或者下午喝上一壶果酱红茶，暖暖的。

准备材料

葡萄粒——1kg　柠檬——1个　冰糖——300g

制作方法

1. 葡萄粒放进热水里焯10秒至表皮裂开。
2. 转入冷水中剥皮。
3. 剥去表皮后，对切葡萄，去除籽。
4. 柠檬洗净，在桌子上滚压一下，用芝士刨刨下皮屑，不要白色部分。

烘焙笔记

5. 挤柠檬汁。

6. 把葡萄肉、柠檬皮、柠檬汁、冰糖一起放进一个大盆里，覆上保鲜膜，放进冰箱腌制至少 4 小时，葡萄腌出水来。

7. 把准备装果酱的罐子放进热水里煮 10 分钟，盖子和罐子都要煮到。其目的是高温杀毒消菌。

8. 取出倒扣在干净的架子上，自然风干。

9. 拿出腌制好的葡萄果肉，碗里会有很多葡萄汁，一起放入锅里，用大火煮开，滤掉浮沫，转小火熬制黏稠，熬制过程不需要加水，就用本身出的汁熬。

10. 差不多小火半小时就能到黏稠状态，趁热装入罐子，盖上盖子倒扣，形成真空状态。

1
2
3
4
5
6

焦糖栗子酱

不用奶油和香草，仅以焦糖和栗子泥混合的酱，你吃过吗？虽然材料简单，但是也太好吃了吧。焦糖本身香气十足，闻到都要流口水的，再加上新鲜煮好的栗子泥，更是不得了。去除奶油之后，少了些甜腻，这个酱也变得更简单、更健康了。空口就能吃几勺，更别说抹面包了，估计我要吃撑。大概我是一个对颗粒感有强烈执念的人，所以做栗子泥我选择的是用叉子压碎。如果想要更顺滑的口感，可以煮好之后把栗子肉放进料理机打成完全的泥状，这样就更完美啦！不过这还是因人而异哦。

准备材料

煮熟压碎的栗子泥 —— 100g　白砂糖 —— 70g

水饴 —— 94g　水 —— 20ml

制作方法

1. 现在来做焦糖。白砂糖与水倒入小锅里，小火加热。做焦糖的秘诀就是加热过程中不要搅拌。
2. 白砂糖化开之后，就起泡泡了，还是透明的。
3. 再过一会儿，就变成浅浅的黄色了，不要搅拌哦。
4. 等到差不多变成琥珀色就可以关火了。关火之后锅内还有温度，所以颜色还会再变深一点。煮过头的话会发苦，时机很重要。
5. 加入栗子泥搅拌均匀，如果是料理机打的栗子泥，搅拌出来会很顺滑。由于我的栗子泥主要是为了抹面包和做饼干用，所以保留了颗粒。
6. 完成。

青酱

制作时间：4 小时

意大利酱千千万万种，罗勒青酱，也就是Pesto，作为意大利酱的一种基本酱料，是比较受欢迎的名酱。青酱的配料非常简单，气味清新的罗勒、醇厚的帕玛森干酪、坚果气味浓郁的松子，再搭配大蒜瓣和初榨橄榄油，这几样食材组合在一起有致命的吸引力。青酱中各食材的比例不是固定的，喜欢罗勒的草本清香则多放罗勒，喜欢奶酪的味道则多放奶酪粉，喜欢松子味就多放松子，非常自由，也因此非常迷人。青酱不仅非常美味，使用的范围也很广，已经不仅限于制作意大利面了，大部分时候Pesto主要用来抹面包、腌制各种肉类（比如牛排等）。罗勒叶不太好买，也可以换成菠菜或者薄荷来做，只是风味略有打折。如果没有松子，也可以用杏仁来代替。青酱需要密封冷藏，每次吃完之后记得封一层橄榄油，不然就会氧化，到时候看见的就是黑黑的青酱了。

准备材料

柠檬汁 —— 适量
新鲜罗勒 —— 70g
帕玛森干酪 —— 60g
橄榄油 —— 100ml
松子 —— 50g
蒜瓣 —— 3 瓣
盐 —— 少许

制作方法

1. 帕玛森干酪刨成丝状，松子剥壳炒熟，罗勒洗净。
2. 干酪、松子、罗勒、蒜瓣放进料理机打，需要多次慢慢地打，打的过程中加入柠檬汁和盐。
3. 最后打成均匀的酱状就可以了，如果觉得干，可以加一些橄榄油。
4. 罐子用热水煮过，倒扣放凉。把熬煮好的果酱趁热装入罐子中，盖紧盖子。
5. 装瓶。瓶口封一层橄榄油。因为罗勒酱非常容易氧化，加柠檬汁一是为了防氧化，二是为了丰富风味。瓶口封橄榄油也是为了防氧化，每次用完都倒一点橄榄油封口。

沙琪玛

源于清代，后来在北京开始流行，成为京式四季糕点之一，是当时重要的小吃。将面条炸熟后，用糖混合成小块即可。沙琪玛色泽米黄，口感酥松绵软。小时候过年，长辈们最爱吃的就是沙琪玛了，香甜软糯，停不下来。

沙琪玛以其松软香甜、入口即化的优点赢得人们的喜爱。时至今日，已经从北方传遍了全中国。沙琪玛虽好吃但热量挺高，最好不要一次性多吃。制作沙琪玛的麦芽糖不能替换，没有麦芽糖，炸好的面条是无法粘合起来的。沙琪玛还可以加入葡萄干和花生来点缀。

准备材料

材料	用量	材料	用量
中筋面粉	200g	鸡蛋	3个
泡打粉	5g	麦芽糖	100g
水	35ml	白砂糖	160g
玉米淀粉	适量	色拉油	适量

1
2
3
4
5
6
7
8
9

10

11

12

制作方法

1. 中筋面粉和泡打粉混合过筛，加入打散的鸡蛋液，和成面团。此时的面团比较湿，可在表面撒一层玉米淀粉。
2. 覆上保鲜膜，静置5分钟。
3. 在案板上撒玉米淀粉防粘。
4. 把面团擀成0.2cm薄片，切成小条。如果粘，就继续撒玉米淀粉。
5. 冷锅下入色拉油，烧热至丢下面条会迅速浮起。此时的油温是合适的。
6. 面条先用筛子筛去多余的玉米淀粉，然后下油锅炸至金黄色，出锅沥油。
7. 麦芽糖、白砂糖和水一起熬煮至金黄色，有大泡泡鼓起。用筷子挑起糖浆，稍微冷却后可以拉丝时，就可以下炸好的面条了。
8. 关火，倒入全部面条，快速翻拌，让每一根面条都沾上糖浆。
9. 倒入模具中，覆上油纸，用擀面杖擀平。这一步一定要快，糖浆很容易凝固。
10. 冷却后用刮板从模具边缘把沙琪玛撬开。
11. 切成小块，密封保存。
12. 完成。

开口笑

老北京有名的小吃那么多，我却只记住了一种叫作开口笑的小丸子，长相讨喜，入口香酥。开口笑因经油炸后周身开裂如咧嘴笑而得名，取个好意头，希望来年能够咧嘴笑哈哈！制作也非常简单，没有那种腻人的味道，反而越吃越上瘾呢！开口笑作为传统的中式小点心，北京本地人特别爱吃。传统中式小吃和西式点心的烤不同，多为油炸。西式点心多用泡打粉来使其膨胀，中式点心呢，多用小苏打。两者都起膨胀的作用。开口笑里的小苏打可以用泡打粉替换。

制作方法

1. 鸡蛋、色拉油和水混合，搅拌均匀，加入白砂糖，继续搅拌均匀。
2. 低筋面粉、泡打粉和小苏打混合过筛，加入蛋糊中。
3. 揉成面团。
4. 面团搓成长条。
5. 再分成拇指大的小块，搓成小圆球。
6. 小圆球先在清水碗里滚一圈，再放进白芝麻碗中滚一圈，均匀裹上白芝麻。
7. 锅中倒入色拉油，烧热。油温不用太高，要小火慢炸。当看见油里有小泡泡往上滚的时候，就可以下小圆球了。
8. 炸的时候用筷子翻动。
9. 小圆球表面会自动开裂，等到炸成金黄色即可出锅，放在油纸上，沥干油。

准备材料

- 低筋面粉——300g
- 泡打粉和小苏打——各 3g
- 白芝麻——适量
- 鸡蛋——1 个
- 白砂糖——10g
- 色拉油——10ml
- 水——50ml

出入平安

猫耳朵

油炸猫耳朵说不上起源于哪里，我只记得小时候在南方一直会吃到。猫耳朵作为一种日常小吃，深得我心啊。小时候特别好奇中间凸起那部分是怎么做的，自己做过之后就全都明白了。猫耳朵、牛耳朵、耳公饼、牛耳仔、猪耳朵、鲍鱼酥……看来每个地方的叫法都不一样呢。猫耳朵真是颜值界的扛把子。同样的做法，可以改用烤箱烤，前面步骤都一样，最后一步送入烤箱，150℃烤20分钟，根据厚薄和上色情况，时间可以自行调整。切面团的时候尽量薄一点哈，越薄越好吃。有“宝宝”说，红面团部分也可以用蜂蜜代替红糖制作，我觉得也可以试一下哈。

准备材料：白面团

低筋面粉——130g
色拉油——10ml
水——50g
白砂糖——15g
黄油——10g

准备材料：红面团

低筋面粉——130g
色拉油——10ml
水——50g
红糖——30g
黄油——10g

1

2

制作方法

1. 红面团部分。除低筋面粉外的其他材料混合搅拌均匀，筛入低筋面粉，用手和成面团。如果红糖有颗粒，要拿掉。
2. 白面团部分和红面团做法一样。
3. 和好的面团覆上保鲜膜，静置15分钟。
4. 分别把两个面团擀成0.3cm的薄片，白色在下，红色在上。
5. 在红面团上刷一层水。

6. 从一端开始卷起。

7. 卷紧一点，放入冰箱，冷冻1小时定型。

8. 拿出来切薄片，切得越薄，炸出来越好吃。

9. 锅里烧热，下油，小火加热，放入筷子有小泡泡包围时，下猫耳朵，小火慢炸。

10、炸至金黄色，中间部分凸起。

11. 捞出放在油纸上，凉了就可以吃了。

糖莲子

洁白的莲子裹着白白的糖霜，小时候逢年过节都盼着吃。近年来大热的宫斗剧里也常出现糖莲子的身影，TVB 电视剧《宫心计》出现过糖莲子，不知道还有人记得不。李怡小时候为逃避太后的阴险伤害装傻被送出宫。离开当天，年幼的三好为他送行，送给他几颗糖莲子，告诉他苦中一点甜。而李怡也因此给其乌龟取名糖莲子。

准备材料

玉米淀粉 —————————— 适量

糖粉 —————————— 适量

冰糖 —————————— 适量

干莲子（需泡发）或新鲜莲子 ———— 适量

水 —————————— 适量

1

2

制作方法

1. 泡发好莲子。
2. 下锅小火煮熟，不要煮太烂。煮好的莲子抽去苦心。

3. 莲子用厨房纸巾擦干水分，放入玉米淀粉中滚几圈，让每个莲子都能裹上玉米淀粉。
4. 冰糖和水下锅，不要搅拌，熬至冰糖化开。
5. 放入煮好的莲子滚几圈，裹上一层糖汁。
6. 裹好糖汁衣服的莲子已经很好吃啦。
7. 最后撒上糖粉，滚均匀就好啦。

烘焙笔记

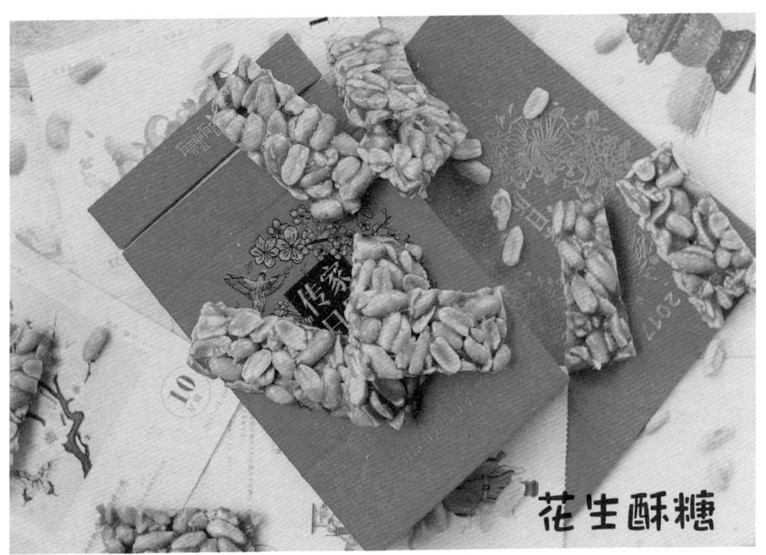

儿时常常吃的花生糖、芝麻酥，现在也不大能买到了。想起小时候眼巴巴地缠着大人给做这些零食的情景，嘴里吃着，手上还要再拿几个。花生酥糖的起源地据说有三个地方，但现在属四川地区的说法流传较广。

花生酥糖的香甜只能用“馥郁”“浓香”来形容了，麦芽糖和花生仁经过那么一混合一切块，咬一口，在嘴里散开，香浓而不腻。小时候可以一口气吃很多，很多年没吃了，这次一做也是吃得停不下来。几个注意点：

1. 麦芽糖不能用其他糖代替，不然花生仁粘不到一起哦。

2. 等到和体温差不多的时候就可以切块了，完全冷却后再切会碎哟。

制作方法

1. 花生仁下锅炒熟或者进烤箱 180℃烤 10 分钟至烤熟。麦芽糖隔热水软化。
2. 除花生外的其他材料全部加入锅中。
3. 小火边熬煮边搅拌。
4. 熬煮至如图所示的金黄色时，关火。加入花生仁，快速搅拌均匀。
5. 搅拌的速度要快，麦芽糖浆容易干，让每一颗花生仁都裹上糖浆。
6. 裹好糖浆的花生仁铺在油纸上。
7. 上面盖一张油纸，用擀面杖擀平塑形。
8. 揭开油纸，冷却至体温时，切条。
9. 再切块即可。

准备材料

花生仁	150g	白砂糖	45g
麦芽糖	75g	水	25ml
小苏打	1g		

饭饭的私房小食

黑芝麻糖

香甜酥脆的芝麻糖营养丰富，有和胃顺气、止咳和辅助医治便秘等作用。过年的零食桌上是少不了芝麻糖的身影的，或块或片，一口下去，满口醇香。可以用黑芝麻也可以用白芝麻，但我认为黑芝麻更香一些。需要注意的是，黑芝麻糖切块时需要趁温热用锯齿刀切，完全冷掉就切不动了。

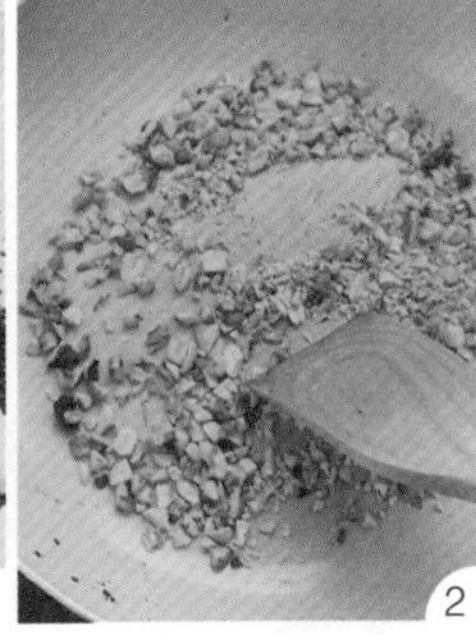

制作方法

1. 黑芝麻下锅，小火炒香。
2. 花生仁也要炒香。

准备材料

花生仁 —— 50g
麦芽糖 —— 50g
黑芝麻 —— 150g
白砂糖 —— 125g
水 —— 20ml

3. 白砂糖、麦芽糖和水一起下锅，小火熬煮。
4. 小火不停搅拌，熬煮至如图所示的金黄色，有大泡泡。
5. 关火，倒入炒过的黑芝麻和花生仁。
6. 快速翻拌至都蘸上糖。
7. 快速铺在油纸上，再覆上一层油纸，用擀面杖擀平和塑形。
8. 揭开油纸，稍等一会，趁温热用锯齿刀切块或片。

烘焙笔记

江米条

江米条真的是过年必吃！喜欢逛庙会，那浓浓的年味都浓缩在成袋成袋的江米条、空米筒、爆米花中。话说江米条在各地的叫法还不同，京果、金果、油果、油枣、糖手指、炸果子、炸面条、老鼠屎、南瓜根……

准备材料

麦芽糖——35g
白砂糖——适量
糯米粉——150g
水——100g
油——适量

制作方法

1. 锅里加入麦芽糖和水，烧开，关火。加入100g糯米粉，搅拌均匀，再倒入剩下的糯米粉，和成团。
2. 和好的面团用擀面杖擀成0.5cm厚的面片，切成小细条，再把细条搓成圆滚滚的条状。
3. 锅里倒入油，凉油放入面条，小火慢炸，面条会慢慢地膨胀，漂浮起来，记得用筷子翻一下，均匀受热。
4. 炸至金黄色，捞出沥油。注意，每一次下面条，都需要等到油温变凉。
5. 炸好的江米条撒上白砂糖，翻拌至每一根都蘸上白糖。
6. 常温密封保存即可。

樱花抹茶团子

夏天吃抹茶就像吃西瓜一样解暑，只要看见它，心就静了一半。抹茶起源于中国隋唐，将春天的茶叶嫩叶用蒸汽杀青后，做成饼茶保存，食用前放在火上再次烘焙干燥，用天然石磨碾磨成粉末。

曾有诗句“碧云引风吹不断”盛赞抹茶，当夏之抹茶遇上春之樱花会美成怎样一幅画？樱花抹茶团子偏甜，夏日午后再来一壶冷泡茶，就着茶点，也是没谁了。

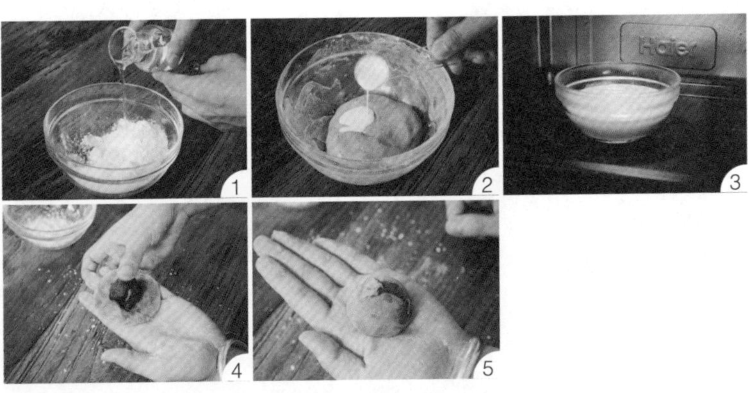

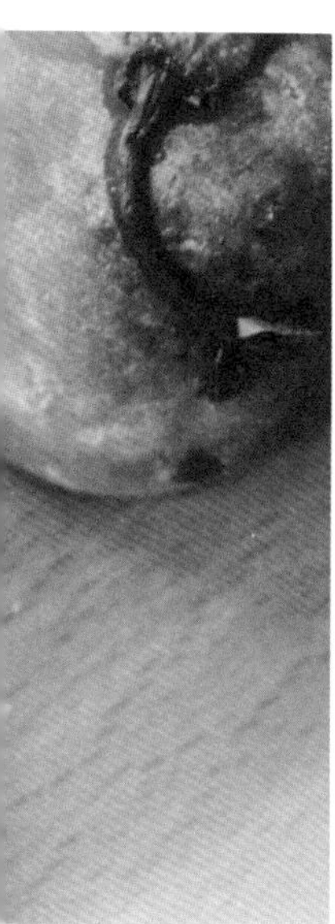

准备材料

盐渍樱花（温水泡开）——5朵
抹茶粉——1茶匙
糯米粉——80g
玉米淀粉——20g
白砂糖——20g
水——100ml
淡奶油——1茶匙
红豆沙——适量

制作方法

1. 抹茶粉、糯米粉、玉米淀粉和白砂糖混合搅拌均匀。慢慢加水，搅拌至无干粉。
2. 加入淡奶油，搅拌均匀。
3. 和好的抹茶面团，放入大锅中蒸20分钟，或者放入带蒸汽功能的烤箱，蒸20分钟。
4. 蒸好的抹茶面团放凉，双手蘸一点玉米淀粉，把抹茶面团分成5份，每一份如图所示，按压成薄片，包入适量红豆沙。
5. 像包汤圆那样把红豆沙包裹起来。泡开的樱花，用厨房纸巾吸去多余的水分，放在抹茶团子上即可。

抹茶班戟

港式甜品中的班戟大家都不陌生吧。班戟其实是*pancake*的粤语音译，又称薄煎饼、热香饼，是一种以面糊在烤盘或平底锅上烹饪制成的薄扁状饼，最早可以追溯到公元15世纪。西方人对*pancake*的喜爱就像中国香港人对班戟的喜爱，*pancake*传入中国香港后，经香港人改良成班戟，已经和原来的*pancake*有了很大的差异，成为港式甜品中的经典。班戟中最最最经典的当属芒果班戟，芒果和班戟皮完美地结合在一起，每次品尝的时候都会由衷地钦佩发明如此美味组合的人。今天的抹茶班戟呢，我稍稍挑战了一下绿色的搭配，由抹茶皮和猕猴桃来扛大旗，味道也很不错。猕猴桃的质地柔软，口感酸甜，味道被描述为草莓、香蕉、菠萝三者的混合。猕猴桃除含有猕猴桃碱、蛋白水解酶、单宁果胶和糖类等有机物以及钙、钾、硒、锌、锗等微量元素和人体所需17种氨基酸外，还含有丰富的维生素、脂肪。李时珍在《本草纲目》中也描绘了猕猴桃的形色：“其形如梨，其色如桃，而猕猴喜食，故有诸名。”

制作方法

1. 鸡蛋打散，筛入糖粉，搅拌均匀。
2. 加入牛奶，搅拌均匀。
3. 筛入低筋面粉和抹茶粉，搅拌均匀。
4. 黄油化开，稍放凉，倒入面糊中，搅拌均匀。
5. 搅拌好的面糊比较浓稠，过筛，最好是过两次筛，这样出来的班戟皮更细腻。过筛好的面糊覆上保鲜膜，冷藏半小时。
6. 筛子里留下的无法搅拌均匀的颗粒。
7. 取出面糊，平底不粘锅不刷油，不开火。先舀一勺面糊入锅，晃动锅子，让面糊摊开，开小火，感觉面上这层凝固了，即可出锅，不用翻面煎。
8. 煎好的班戟可以用保鲜膜一层一层地隔开冷却。这时候切猕猴桃条，打发好淡奶油，取适量奶油抹在已冷却好的班戟皮上，码上水果条。
9. 包的时候把煎得不好看的那一面包在里面，码上水果条之后再抹一些奶油，先上下折，再左右折，然后倒扣，就好啦。

准备材料

低筋面粉	90g	黄油	15g	蛋黄	1个
猕猴桃	适量	糖粉	20g	牛奶	200ml
抹茶粉	6g	鸡蛋	1个	淡奶油	适量

饭饭的私房小食

日式松饼

松饼作为美式早餐的代表，一般配上枫糖浆、新鲜水果切片和打发的奶油一起食用。按个人喜好不同，也可以配上煎得焦焦脆脆的培根碎或火腿肠，这就是咸松饼了。做日式松饼，我以适量淡奶油代替黄油，使松饼的口感更加蓬松、味道更浓郁。面粉我用的是低筋面粉和泡打粉的组合，如果你有自发粉就更好了，这样放置半小时后就会蓬松。纯粹的松饼就像一张空白画布，可以在上面随意发挥装饰，堪称美食圈的高颜值代表。

准备材料

低筋面粉	100g	鸡蛋	65g
泡打粉	4g	牛奶	50ml
白砂糖	30g	淡奶油	50ml

1

2

制作方法

1. 把所有粉类过筛。除粉类外的其他材料混合，再把两者混合，搅拌均匀，覆上保鲜膜，放入冰箱冷藏半小时。
2. 平底锅洗干净，烧热，不用加油，放入一小勺面糊，小火煎热，到慢慢有大泡泡出来，这时候翻面，然后一勺一勺地加面糊，一片一片的松饼就做好了。

铜锣烧

铜锣烧，又叫黄金饼，是一种烤制面皮，内置红豆沙等夹心，由两块像铜锣一样的饼合起来的甜点。在日本是家家都会做的点心，因它圆圆的金灿灿的外形看起来好像一面小小的铜锣而得名。铜锣烧无论是原味红豆风味，还是浓情奶油风味、自然草莓果味，搭配咖啡都是非常美味啦。哆啦 A 梦特别爱吃铜锣烧，每次当他不肯把宝贝给大雄时，大雄就会拿出铜锣烧诱惑他，哆啦 A 梦就会无条件答应大雄。

准备材料

- 低筋面粉——100g
- 淡奶油——50ml
- 鸡蛋——65g
- 泡打粉——4g
- 牛奶——50ml
- 白砂糖——30g

制作方法

1. 把所有粉类过筛。除粉类外的其他材料混合，再把两者混合，搅拌均匀，覆上保鲜膜，放入冰箱冷藏半小时。
2. 平底锅洗干净，烧热，不用加油，放入一小勺面糊，小火煎热，到慢慢有大泡泡出来，这时候翻面，然后一勺一勺地加面糊，一片一片的松饼就出来了。
3. 等松饼冷却后，在中间涂上一层红豆沙，夹上另一片松饼，就是铜锣烧了。
4. 完成。大小可自己选择。

华夫薄饼

华夫饼，又叫格子饼，是一种源于比利时的烤饼，需要用专用的烤盘烤制。华夫饼的主要原料是鸡蛋和牛奶。鸡蛋含有丰富的蛋白质、脂肪、维生素以及铁、钙、钾等人体所需要的矿物质。蛋白质为优质蛋白，对肝脏组织损伤有修复作用。使用的模具不同，成品口感也会有差别。今天我使用的是薄饼模具，成品香脆，搭配奶油和水果食用，超满足。华夫饼的吃法多样，不同的国家制作松饼时的形状、口感、方式都不尽相同：比利时华夫饼多搭配黄油、糖浆以及草莓、蓝莓、覆盆子、香蕉等水果，也会配冰淇淋；英式华夫饼夹煎蛋或奶酪，撒上胡椒粉和盐；美式华夫饼饼身较薄，烤得较松脆，通常是四五个叠起一起食用；而荷兰的焦糖华夫饼吃法比较特别，通常将焦糖华夫饼置于热咖啡杯或红茶杯口，待饼干中焦糖慢慢化开，再佐以咖啡或红茶，美妙绝伦。

准备材料

低筋面粉 —— 100g

化开的黄油 —— 25ml

淡奶油 —— 25ml

泡打粉 —— 2g

鸡蛋液 —— 65ml

牛奶 —— 50ml

白砂糖 —— 30g

1

2

3

4

5

6

制作方法

1. 蛋液加白砂糖，用手动打蛋器打散。
2. 加入牛奶和淡奶油，搅拌均匀。
3. 低筋面粉、泡打粉混合过筛，加入蛋液中，搅拌均匀。
4. 加入化开的黄油，搅拌均匀。搅拌好的面糊如图所示，中等黏稠度。
5. 将少许化开的黄油涂在华夫模具上，两面都要涂到。我用的是薄饼的模具，厚饼的模具也可以。烧热黄油后，加入一勺半面糊，这个量根据模具不同会有不同，压上盖子，小火加热，等到蒸汽快没有了，就翻面加热另一面。
6. 用量和时间不是固定的，过程中可以揭开盖子观察上色情况，颜色为金黄带一些焦色就可以了。

蘑菇蛋白饼

制作时间：45~60 分钟

烘烤温度：100℃

做完后看到这一片萌萌的蘑菇林时，我也动心了！好可爱！特意挑选绿色背景，就好像散步在原始森林中。做烘焙的“宝宝们”总会有剩点蛋白不知道怎么处理，就用它来做蛋白霜饼干吧，完全打发后加入淀粉就搞定。蛋白霜在甜点中用得非常广泛，意式蛋白霜中加入黄油后可以用来裱花，做歌剧院蛋糕内馅。只不过含糖量很高，吃一口胖三斤啊。

准备材料

蛋白 —— 90g

糖粉 —— 115g

玉米淀粉 —— 10g

柠檬汁 —— 少许

可可粉 —— 适量

白巧克力 —— 少许

制作方法

1. 蛋白加入柠檬汁，分次加入糖粉。
2. 完全打发至能拉出坚挺的直角。
3. 筛入玉米淀粉，快速地搅拌均匀。
4. 把搅拌好的蛋白糊装入裱花袋中。
5. 在烤盘上挤出蘑菇朵，挤蘑菇朵时可以随意发挥，做成不同的大小和形状，这样组装起来更逼真！

6. 将不同大小高矮的蘑菇杆送入烤箱，100℃烤 45~60 分钟。蘑菇朵我用了 1 小时，杆是 45 分钟。一定要确认蛋白霜表面干了，否则冷却后还是软的，移动的时候会粘在烤盘上。
7. 将少许白巧克力化开。
8. 组装蘑菇的身体。用杆蘸一点白巧克力，戳入蘑菇朵中间。
9. 组装好的一片小蘑菇林，最后撒上少许可可粉，就完美了。

胡萝卜司康

制作时间：20 分钟

烘烤温度：200℃

作为英国中产阶级及贵族社会下午茶中最富盛名的一项，司康非常美味。张爱玲也非常喜欢吃。“香港中环近天星码头有一家青鸟咖啡馆，我进大学的时候每次上城都去买半打‘司空’，一种三角形小扁面包—源出中期英语*Schoonbrot*，第二字略去，意即精致的面包。”司康颗粒细小，吃起来轻清而不甜腻。我改良了传统司康的配方，加入橙皮、胡萝卜、蜂蜜，让整个风味更质朴和清爽，无论是作为慵懒的早午餐还是下午茶点心都是妥妥的。

准备材料

低筋面粉	100g	黄油	20g
盐	1g	牛奶	30ml
泡打粉	3g	香橙皮	10g
蜂蜜	10ml	胡萝卜	20g

制作方法

1. 香橙皮刨去白色部分，切成丁。胡萝卜切丁。如果不想吃到颗粒的话，可以选择全部打成泥状。
2. 所有粉类混合过筛。黄油切丁，软化后加入其中，用手搓成像肉松一样的状态。加入香橙丁、胡萝卜丁、蜂蜜，搅拌均匀。
3. 加入牛奶和成团，均分成 6 个小团子。
4. 在小面团表层刷一层蜂蜜。
5. 送入烤箱，200℃烤 20 分钟。

切达奶酪咸司康

一口一个的迷你奶酪咸司康。司康饼(Scone)，又称为英式快速面包，它的名字是由苏格兰皇室加冕的一块有长久历史,并被称为司康之石(命运之石)的石头而来。传统的司康饼是三角形，以燕麦为主要材料，将米团放在煎饼用的浅锅中烘烤。流传到现在，面粉成了主要材料，可以像一般面食一样用烤箱烘烤，形状也不再是一成不变的三角形，可以做成圆形、方形或是菱形等各式形状。司康饼可以做成甜的口味，也可以做成咸的口味。今天的迷你薄款奶酪司康加入盐和切达奶酪，切成小小的三角形，一口一个，不甜腻，淡淡的咸味混杂奶酪的香气，吃十个也是停不下来了呢！虽然我们今天做的奶酪咸司康，但是里面的奶酪可以替换成甜的蔓越莓干等果干。厚薄一般是 1.5~2cm。司康的秘诀就是面团要对折再切形。

准备材料

低筋面粉	100g	牛奶	45ml
白砂糖	5g	泡打粉	4g
粗盐	1g	黄油	20g
切达奶酪	30g	鸡蛋	1个

制作方法

1. 把低筋面粉和泡打粉过筛。
2. 加入切成块的黄油，用手捏碎，搓成肉松状。
3. 加入切达奶酪，继续搓成肉松状。
4. 缓慢加入牛奶、白砂糖、盐，揉成略湿润的面团。
5. 将面团擀平，对折擀平，再对折。
6. 擀成薄片，切成小三角，表面刷一层蛋液，180℃烤10分钟，再转200℃烤5分钟上色。

松露巧克力

松露形巧克力因外形与法国有名的“松露”相似而得名。松露形巧克力外表粘满了可可粉，看起来就像粘满沙土的松露，在不起眼的外表下隐藏着让人无法抗拒的美味口感。准备两种浓度的巧克力，我准备的是55%和65%的。不一定非要这两种，只要两种浓度有差别就好，这样最后成品入口的层次才会丰富。松露被法国人称作“钻石”，其身价与鱼子酱、鹅肝酱等高级美食并列，号称美食“三大天王”。松露与生俱来的独特香味，更使它成为法国菜、意大利菜中极为珍贵的调味圣品。巧克力松露这名字一听就是很好吃的巧克力啊！制作简单，又浓郁美味。

准备材料

55%巧克力 —— 100g
黄油 —— 10g
淡奶油 —— 50g
黑朗姆酒 —— 5g
65%巧克力 —— 50g
可可粉 —— 适量

制作方法

1. 淡奶油小火煮沸。
2~4. 分多次加入 55% 巧克力，每一次都要顺时针搅拌均匀，再加入下一次。
5. 关火，巧克力和奶油完全融合后，加入黄油继续顺时针搅拌均匀。
6. 再加入黑朗姆酒。
7. 搅拌均匀。
8. 混合好的巧克力溶液倒入任意模具中，放入冰箱冷藏 1 小时以上，至可以用手指戳洞的状态时取出。
9. 搓成小球。今天的量我搓了 24 颗，准备可可粉过筛，65% 巧克力隔水溶化。
10. 拿根小竹签戳起小球，先滚一层可可粉。
11. 再放入 65% 巧克力溶液中裹一层巧克力液。
12. 最后再滚一层可可粉，裹好后稍稍等一会，表层的巧克力凝固了就做好啦。

烘焙笔记

肉松是将肉除去水分后制成的粉末，它适宜保存并便于携带。成吉思汗驰骋欧亚作战时的干粮就是肉松。马可·波罗在游记中的记述：蒙古骑兵曾携带过一种肉松食品。肉松制作简单，无需“秀润加工”，蒙古帝国早期便已完善。肉松在烘焙里出现的几率也很高，但是外面买的肉松吧，也不知道是用了什么肉和什么添加剂，吃多了总归是不好的。今天做的是猪肉松，把肉换成牛肉就是牛肉松，换成鸡肉、鱼肉都行。肉松热量远高于瘦肉，属于高能食品，吃的量和频率都要有所控制。控制吃盐的人不能多吃肉松，可以一次性做好，存在密封罐里慢慢吃。今天用了 500g 猪肉，最后肉松成品 200g，供参考。自制的肉松非常适合给小宝宝做辅食，如果是做给小宝宝的话就不加盐了，香料也可以减少。说到好吃，除了我加的这些调料外，还可以另外加入老抽、红糖、芝麻，就看个人口味了。肉质上来说，我更喜欢鱼肉，因为鱼肉松软，不用像猪肉、牛肉这样在处理的时候要尽量敲烂去筋，鱼肉真是随便做都好吃呢。

准备材料

猪里脊	500g	八角	2只
色拉油	30ml	生抽	30ml
白砂糖	20g	生姜	5片
盐	8g	料酒	30ml
蚝油	适量		

1

2

3

4

5

6

制作方法

1. 猪里脊切成2~3cm的薄片，和生姜一起煮熟，撇去浮沫。
2. 煮熟的猪里脊撕成细条，撕得越细越好。
3. 用擀面杖把肉打松。
4. 所有调料和猪肉条混合搅拌均匀。
5. 铺入烤盘，120℃烤90分钟，可以看到肉条的水分慢慢烘干。这是第一次烤完的样子，变得比较干了，但是还不够松，继续用擀面杖打松，或者用手把肉搓碎，直到你满意的状态。
6. 再铺入烤盘，这时候可以看到搓碎之后的毛毛丝状态了，再继续用120℃烤40~60分钟，根据状态调节。

烤猪肉脯

制作时间：30 分钟

烘烤温度：200℃

准备材料

水	10g	猪肉	400g
蜂蜜	30ml	料酒	5ml
黑胡椒	适量	生抽	30ml
盐	2g	白芝麻	适量
白砂糖	50g	老抽	5ml

制作方法

1. 猪肉洗净，用厨房纸巾吸去多余水分，切成小块，用刀剁成肉末，剁得越碎越好。也可以用料理机。
2. 除蜂蜜和水之外的其他材料混入猪肉末中，用手抓匀，可以多抓一会儿，更入味。

自己买新鲜猪肉，用烤箱做最健康的猪肉脯零嘴，好吃得停不下来。肉脯是猪肉或牛肉经腌制、烘烤的片状肉制品。烤好的猪肉脯色泽呈鲜艳的棕红色，口感丰富，咸中微甜，芳香浓郁，余味无穷。大家都在问选什么肉做猪肉脯，当然是选新鲜的猪后腿纯精瘦肉！经片肉、拌料、摊筛、脱水、烘烤、压平、修剪等多道程序而成，自己做的可以随意调整厚薄和口味，而且也不含防腐剂和硝酸盐，很健康，可以放心给家人食用。蜜汁好吃，但保质期密封一周内，尽快食用完哈，毕竟咱自己做的不含防腐剂。

3. 剪一张与烤盘差不多大小的油纸，把抓匀的肉末铺在油纸上，覆上保鲜膜，用擀面杖擀成薄薄的一层。
4. 撕下保鲜膜。蜂蜜与水混合，刷在肉末层上。
5. 再撒上黑胡椒和白芝麻，撒均匀，铺入烤箱，200℃烤15分钟。烤的过程中猪肉会大量出水，这是正常的。
6. 这是烤了15分钟后的肉脯，能看到明显缩紧了很多。
7. 用厨房纸巾擦去血水，翻面，刷蜂蜜水，撒上黑胡椒和白芝麻，再进去烤箱200℃烤15分钟。
8. 烤好后，能看到真的缩水了很多。400g猪肉也才出一块猪肉脯。移出烤箱完全冷却后，用剪刀剪成自己喜欢的形状。

烤桃脯

制作时间：4 小时

烘烤温度：100℃

还记得小时候没有什么零食吃的时候，总是期盼节日，封藏在罐子里的各种各样的蜜饯总是能带来一整天的快乐吗？后来吃得少了，再后来各种甜点打开新世界的大门，那些外面裹着糖霜、嚼起来香气十足的蜜饯啊，真是令人怀念！

1

2

准备材料

新鲜桃子 ———— 适量

白砂糖 ———— 500g

水 ———— 800g

糖粉 ———— 适量

制作方法

1. 用白砂糖和水浸好的桃瓣放进烤盘，100℃烤 2 小时，再转移到烤架上，再 100℃烤 2 小时，或者开烘干功能烘 4 小时。
2. 移出冷却，撒糖粉即可。